图说建筑工种技能轻松速成系列

图说装饰装修水电工技能

张宏跃　主编

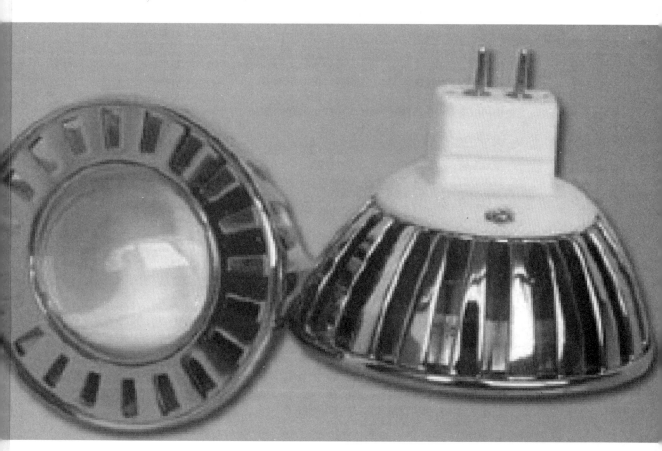

机械工业出版社
CHINA MACHINE PRESS

本书根据国家颁布的《建筑装饰装修职业技能标准》（JGJ/T 315—
2016）、《建筑装饰装修工程质量验收规范》（GB 50210—2001）、《建
筑给水排水及采暖工程施工质量验收规范》（GB 50242—2002）、《建
筑电气工程施工质量验收规范》（GB 50303—2015）等标准编写，主要
介绍了常用工具仪表、常用材料、水路及电路安装操作技巧等内容。本
书结合《建筑装饰装修职业技能标准》讲解了装修工人施工实操的各种
技能和操作要领，同时也讲解了装修材料的应用技巧，力求使装修工人
在最短的时间内掌握实际工作所需的全部技能。本书采用图片、实操图
配以简洁文字的形式编写，直观明了，方便学习。

本书适合家装工人、公装工人、从事住宅装修工作的其他工程人员
阅读，可作为装修工人培训教材，对即将装修房屋的朋友也有一定的借
鉴作用。

图书在版编目（CIP）数据

图说装饰装修水电工技能/张宏跃主编. —北京：机械工业出版社，
2018.1

（图说建筑工种技能轻松速成系列）

ISBN 978-7-111-58770-5

Ⅰ.①图…　Ⅱ.①张…　Ⅲ.①建筑装饰—工程装修—水暖工—图解
②建筑装饰—工程装修—电工—图解　Ⅳ.①TU8-64

中国版本图书馆CIP数据核字（2017）第316609号

机械工业出版社（北京市百万庄大街22号　邮政编码100037）
策划编辑：闫云霞　　　　　　责任编辑：闫云霞　王乃娟
责任校对：王明欣　佟瑞鑫　封面设计：张　静
责任印制：张　博
河北鑫兆源印刷有限公司印刷
2018年2月第1版第1次印刷
184mm×260mm·10.75印张·180千字
标准书号：ISBN 978-7-111-58770-5
定价：36.00元

编委会

前　言

在家庭装修中，水电装修无疑是极其重要的，它是保证人们正常生活的必要元素，也是家居享受的前提。为了保障建筑装饰工程的质量，确保人民住的舒适，做好室内水电安装工作和装饰工作的配合是非常重要的。因此，我们组织编写了这本书，旨在提高水电工专业技术水平，确保工程质量和安全生产。

本书根据国家颁布的《建筑装饰装修职业技能标准》（JGJ/T 315—2016）、《建筑装饰装修工程质量验收规范》（GB 50210—2001）、《建筑给水排水及采暖工程施工质量验收规范》（GB 50242—2002）、《建筑电气工程施工质量验收规范》（GB 50303—2015）等标准编写，主要介绍了常用工具仪表、常用材料、水路及电路安装操作技巧等内容。本书结合《建筑装饰装修职业技能标准》讲解了装修工人施工实操的各种技能和操作要领，同时也讲解了装修材料的应用技巧。力求使装修工人在最短的时间内掌握实际工作所需的全部技能。本书采用图片、实操图配以简洁文字的形式编写，直观明了，方便学习。

本书适合家装工人、公装工人、从事住宅装修工作的其他工程人员阅读，可作为装修工人培训教材，对即将装修房屋的朋友也有一定的借鉴作用。

由于学识和经验所限，虽然编者尽心尽力，但书中疏漏或未尽之处在所难免，敬请读者批评指正。

编　者
2017 年 6 月

目　录

第一章 常用工具仪表

第一节 常用工具

一、钳子

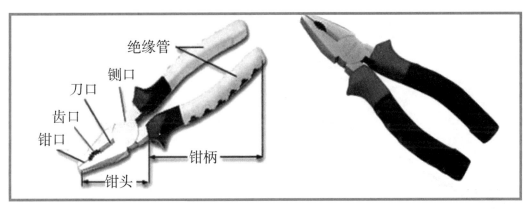

绝缘管
铡口
刀口
齿口
钳口
钳柄
钳头

钢丝钳

钢丝钳主要用于剪切、绞弯、夹持金属导线，也可用作紧固螺母、切断钢丝。

钢丝钳的使用技巧

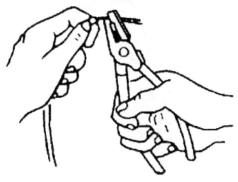

钳口弯绞导线

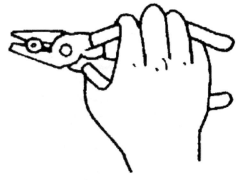

齿口紧固螺母

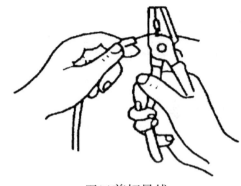

刀口剪切导线

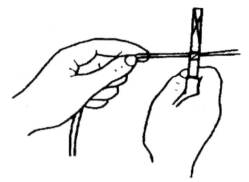

铡口铡切钢丝

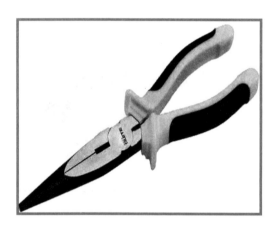

尖嘴钳

尖嘴钳因其头部尖细而得名，适用于在狭小的工作空间操作。可用来剪断较细小的导线；可用来夹持较小的螺钉、螺母、垫圈、导线等；也可用来对单股导线整形（如平直、弯曲等）。

尖嘴钳的握法

平握法

立握法

斜口钳

斜口钳专用于剪断各种电线电缆,对粗细不同、硬度不同的材料,应选用大小合适的斜口钳。

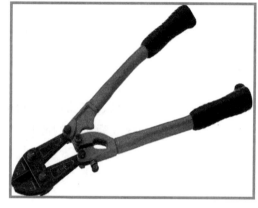

断线钳

断线钳是一种用来剪断电线的工具。

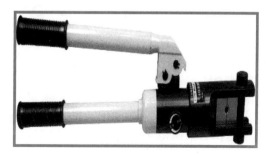

管子钳

管子钳用来拧紧或拧松电线管上的束节或管螺母。

液压钳

液压钳专用于电力工程中对电缆和接线端子进行压接的专业液压工具。有整体式、分体式、电动式和手动式等。

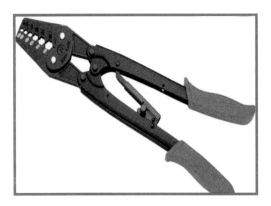

压接钳

　　压接钳是电力行业在线路基本建设施工和线路维修中进行导线接续压接的必要工具。

扁嘴钳

　　扁嘴钳是五金工具，主要用于弯曲金属薄片及金属细丝成为所需的形状。

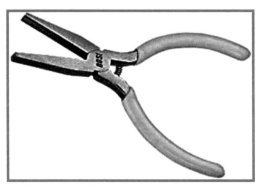

针嘴钳

　　针嘴钳是尖嘴钳的改良型，可以夹持细小狭窄地方的零件，针嘴钳的嘴比较细，也很长，像一根针。

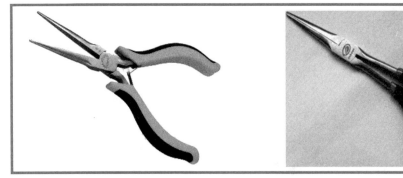

（长柄）

圆嘴钳

　　圆嘴钳钳头呈圆锥形，适宜于将金属薄片及金属丝弯成圆形。

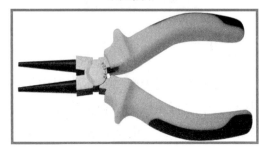

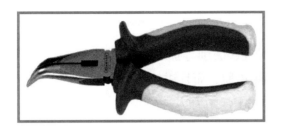

弯嘴钳

弯嘴钳又名弯头钳。分柄部不带塑料套和带塑料套。适宜在狭窄或凹下的工作空间使用。

剥线钳

剥线钳专用于剥削较细小导线绝缘层的工具。

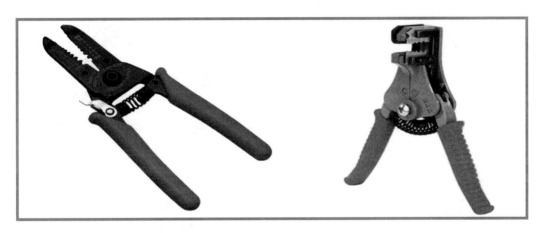

打孔钳

打孔钳由手柄、打孔头、压片、孔座组成，打孔头与一边手柄连接，孔座与另一边手柄连接，两边手柄通过铆钉铆合在一起，打孔头的截面形状是任意的，压片和孔座开有与打孔头形状相对应的孔。

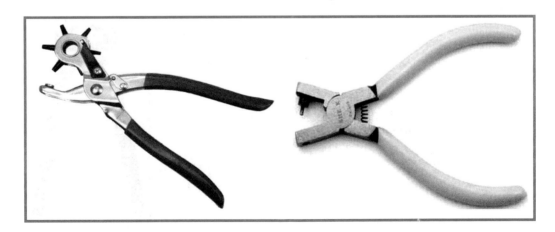

大力钳

大力钳主要用于夹持零件进行铆接、焊接、磨削等加工，其特点是钳口可以锁紧并产生很大的夹紧力，使被夹紧零件不会松脱，而且钳口有很多档调节位置，供夹紧不同厚度零件使用，另外也可作扳手使用。

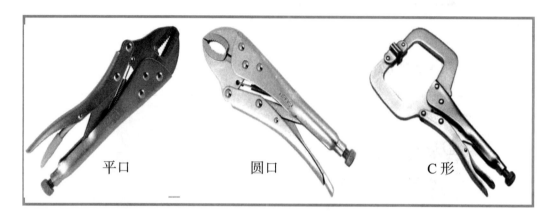

平口　　　　　　圆口　　　　　　C形

绝缘夹钳

绝缘夹钳用来安装和拆卸高压熔断器或执行其他类似工作的工具，主要用于35kV及以下电力系统。

胡桃钳

胡桃钳是一种钳头呈弯环状，钳柄较长的钳子，最早因用于夹碎胡桃等坚果而得名，现经改进多用于各种行业夹持圆形或柱状工件。

水泵钳

　　水泵钳用于夹持扁形或圆柱形金属零件，其特点是钳口的开口宽度有多档（三至四档）调节位置，以适应加持不同尺寸的零件的需要，为汽车、内燃机、农业机械及室内管道等安装、维修工作中常用的工具。

二、螺丝刀

　　螺丝刀（建筑行业通常叫法）是一种用来拧转螺钉以迫使其就位的工具，通常有一个薄楔形头，可插入螺钉头的槽缝或凹口内。

一字形

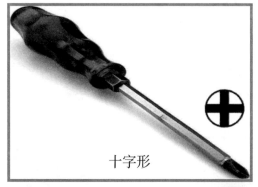

十字形

米字形

梅花形

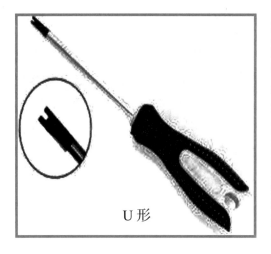

U 形

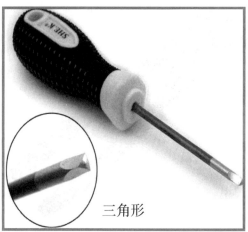

三角形

Y 形

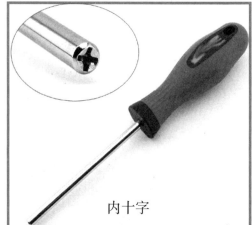

内十字

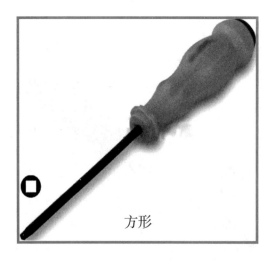

方形

五星形

三、扳手

呆扳手

呆扳手一端或两端制有固定尺寸的开口，用以拧转一定尺寸的螺母或螺栓。

活扳手

活扳手开口宽度可在一定尺寸范围内进行调节，能拧转不同规格的螺栓或螺母。

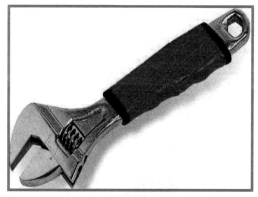

梅花扳手

梅花扳手两端具有带六角孔或十二角孔的工作端，适用于工作空间狭小，不能使用普通扳手的场合。

两用扳手

两用扳手一端与单头呆扳手相同，另一端与梅花扳手相同，两端拧转相同规格的螺栓或螺母。

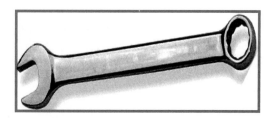

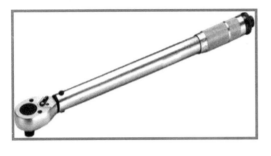

扭力扳手

扭力扳手在拧转螺栓或螺母时，能显示出所施加的转矩；或者当施加的转矩到达规定值后，会发出光或声响信号。扭力扳手适用于对转矩大小有明确规定的场合。

套筒扳手

套筒扳手是由多个带六角孔或十二角孔的套筒并配有手柄、接杆等多种附件组成，特别适用于拧转地位十分狭小或凹陷很深处的螺栓或螺母。

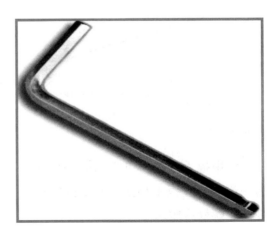

钩形扳手

钩形扳手又称月牙形扳手，用于拧转厚度受限制的扁螺母等。

内六角扳手

内六角扳手是成L形的六角棒状扳手，专用于拧转内六角螺钉。

活扳手使用注意事项

1.扳手规格过大。应按螺栓或管件大小选用适当的活扳手。

2.开口过大。使用时扳手开口要适当，防止打滑，以免损坏管件或螺栓，并造成人员受伤。

3.不应套加力管使用，不准把扳手当榔头用。

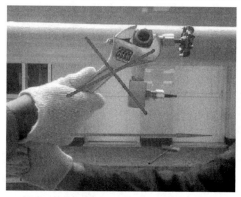

4.使用扳手要用力顺扳，不准反扳，以免损坏扳手。

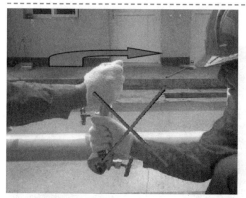

5.扳手用力方向1m内不准站人。

四、电工刀

电工刀是用来剖削电线线头、切削木台缺口、削制木枕的专用工具。有一用（普通式）、两用及多用三种。

一用

两用

多用

电工刀剥硬线

根据所需长度，用电工刀刀口对准导线成 45° 角切入，并以 15° 角推进，削出一个切口，将未削绝缘层后翻切齐。

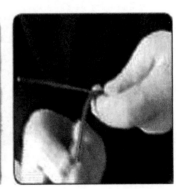

电工刀剥塑料护套线

首先按所需长度用电工刀刀尖沿芯线中间缝隙划开护套层，然后向后翻起护套层，用电工刀齐根切去。

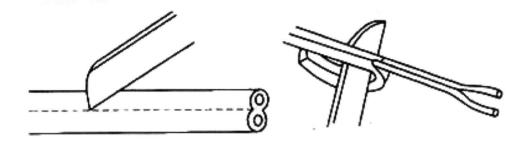

五、电烙铁

电烙铁是电子制作和电器维修的必备工具，主要用途是焊接元件及导线。

1.分类

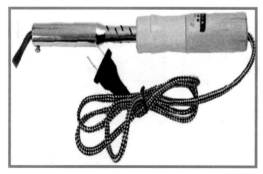

外热式电烙铁

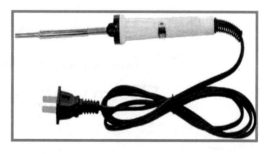

内热式电烙铁

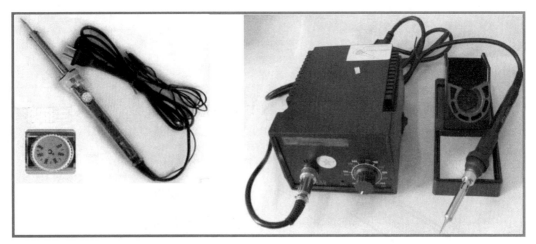

恒温式电烙铁

2. 结构

　　电烙铁内部结构都是由发热部分、储热部分和手柄三部分组成，如下图所示。发热部分也叫加热部分或加热器，或者称为能量转换部分，俗称烙铁心，这部分的作用是将电能转换成热能。电烙铁的储热部分，就是通常所说的烙铁头，它在得到发热部分传来的热量后，温度逐渐上升，并把热量积蓄起来。通常采用紫铜或铜合金作烙铁头。电烙铁的手柄部分是直接与操作人员接触的部分，它应便于操作人员灵活舒适地操作。手柄一般由木料、胶木或耐高温塑料加工而成，通常做成直式和手枪式两种。

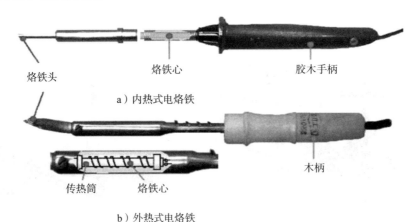

烙铁头　　　　　烙铁心　　　　　胶木手柄

a）内热式电烙铁

传热筒　　烙铁心　　　　　　木柄

b）外热式电烙铁

电烙铁

3. 选用

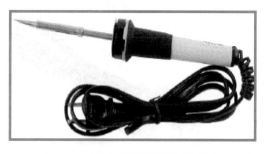

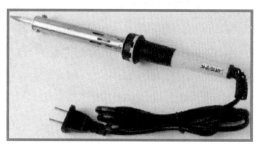

（1）一般电子元器件的焊接应选用内热式电烙铁。

（2）焊接大型元器件、粗导线，应选用外热式电烙铁。

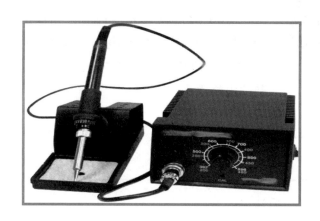

（3）焊接贴片元器件，应选用恒温式电烙铁。

（4）焊接小型元器件应选用20W内热式电烙铁或30W外热式电烙铁。

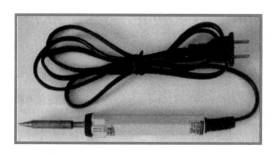

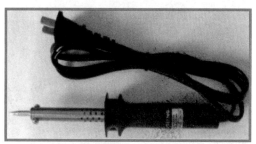

20W内热式电烙铁

30W外热式电烙铁

（5）焊接导线及同轴电缆、机壳底板等时，应选用45~75W的外热式电烙铁或50W的内热式电烙铁。

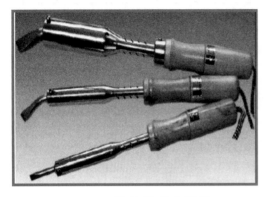

45~75W 的外热式电烙铁

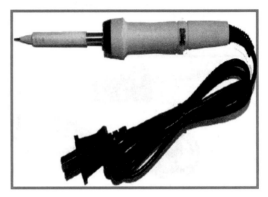

50W 的内热式电烙铁

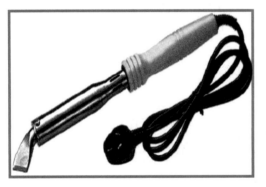

75~100W 的外热式电烙铁

（6）焊接较大元器件时，如输出变压器的引脚、大电解电容的引脚及大面积公共地线，应选用 75~100W 的外热式电烙铁。

4. 握法

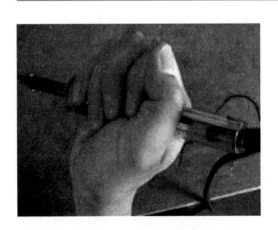

反握法

反握法是用五指把电烙铁的柄握在掌内。此法适用于大功率电烙铁，焊接散热量大的被焊件。

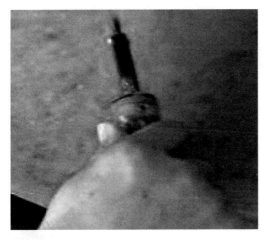

正握法

正握法适用于较大的电烙铁，弯形烙铁头的一般也用此法。

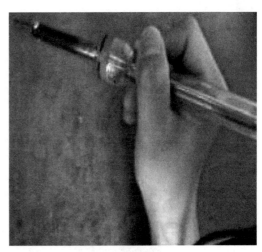

握笔法

握笔法是用握笔的方法握电烙铁，此法适用于小功率电烙铁，焊接散热量小的被焊件，如焊接收音机、电视机的印制电路板及其维修等。

5. 烙铁头

B形（圆锥形）

B形烙铁头适合一般焊接，无论大小之焊点，都可使用。

K 形（刀形）

K 形烙铁头适用于 SOJ、PLCC、SOP、QFP 等封装 IC，修正锡桥、连接器等焊接。

I 形（尖形）

I 形烙铁头适合精细焊接（如贴片小元件），或焊接空间狭小的情况，也可以修正焊接芯片时产生之锡桥。

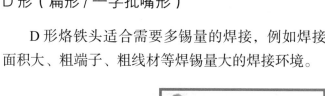

D 形（扁形 / 一字批嘴形）

D 形烙铁头适合需要多锡量的焊接，例如焊接面积大、粗端子、粗线材等焊锡量大的焊接环境。

C 形（马蹄形 / 斜切圆柱形）

C 形烙铁头应用范围与 D 形烙铁头相似，例如焊接面积大，粗端子、粗线材等焊锡量大的焊接环境适用。

烙铁头清洁工具

有合金涂层的电烙铁不能硬磨，只能用专用的清洁工具去氧化层。

高温海绵/矿渣棉，用水湿润以后擦拭烙铁头。切记一定要加水，不然会烧坏。

合金棉，特制的低硬度合金制成的钢丝球，用来去除表面的氧化层，同时可以避免伤到合金涂层。好处是清洁以后烙铁头的温度不下降，受到的热冲击也少。

烙铁头使用

进行焊接工作时，以下焊接的顺序可以使烙铁头得到焊锡的保护及减低氧化速度。

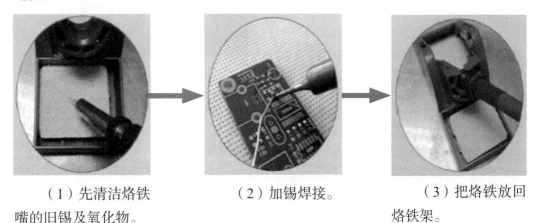

（1）先清洁烙铁嘴的旧锡及氧化物。　　（2）加锡焊接。　　（3）把烙铁放回烙铁架。

6. 焊料和焊剂

焊锡丝

　　焊锡丝由锡合金和助剂两部分组成，合金成分分为锡铅、无铅助剂均匀灌注到锡合金中间部位。

锡丝的拿法

连续锡丝拿法

　　连续锡丝拿法即用拇指和四指握住焊锡丝，其余三手指配合拇指和食指把焊锡丝连续向前送进。它适于成卷焊锡丝的手工焊接。

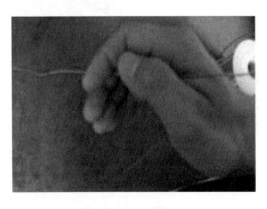

断续锡丝拿法

　　断续锡丝拿法即用拇指、食指和中指夹住焊锡丝。这种拿法，焊锡丝不能连续向前送进，适用于小段焊锡丝的手工焊接。

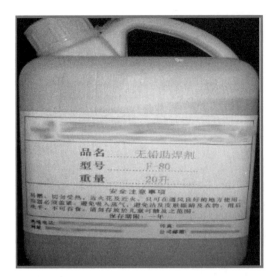

助焊剂

助焊剂在焊接工艺中能帮助和促进焊接过程，同时具有保护作用、阻止氧化反应的化学物质。助焊剂可分为固体、液体和气体助焊剂。

焊锡膏

焊锡膏由焊锡粉、助焊剂以及其他的表面活性剂、触变剂等加以混合，形成的膏状混合物。主要用于 SMT 行业 PCB 表面电阻、电容、IC 等电子元器件的焊接。

松香

松香主要成分是松香酸和海松酸，一般成中性，液态松香有一定活性，呈现较弱的酸性，能与金属表面氧化物发生反应，生成松香酸铜等化合物，并悬浮在焊锡表面，且使用的时候无腐蚀，绝缘性强。一般说来，松香是常用最好的助焊剂。

7. 手工焊接方法与步骤

带锡焊接法

带锡焊接法的好处是可以腾出左手来抓持焊接物，或用镊子（尖嘴钳）夹住元器件焊脚根部帮助散热，防止高温损坏元器件。另外，所用焊锡不一定非要用带有松香芯的焊锡丝，普通焊锡都可以。一般在焊接点不是太多或焊接小物件的情况下，此法显得很方便。

1. 使烙铁刃口带上适量焊锡。

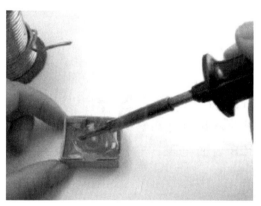

2. 将烙铁口移至松香盒。

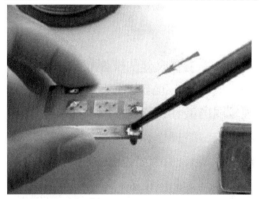

3. 将烙铁刃口移至焊点。

4. 形成焊点后迅速移走烙铁。

点锡焊接法

点锡焊接法具有焊接速度快、焊接质量高的特点，它适用于多元器件快速焊接。但注意所用焊锡丝必须要有松香芯，否则易出现焊点不粘锡现象。所选焊锡丝的直径应根据焊点的大小确定，一般以直径为 0.8mm 或 1mm 粗细为宜。

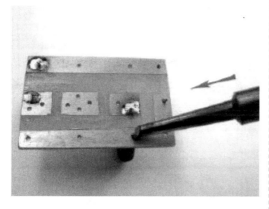

1. 加热焊点。

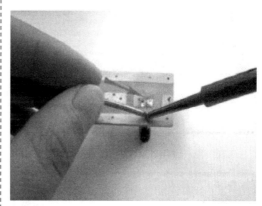

2. 送焊锡丝。

3. 撤焊锡丝。

4. 撤电烙铁。

六、手锤

木柄圆头锤

纤维柄圆头锤

羊角锤

钢管柄羊角锤

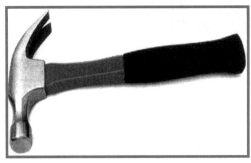

美式纤维柄羊角锤

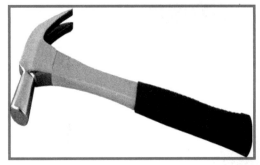

英式圆锥羊角锤

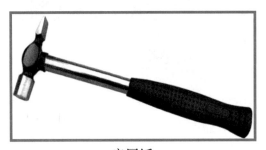

扁尾锤

木工锤

钳工锤

德式纤维柄钳工锤

德式钢管柄钳工锤

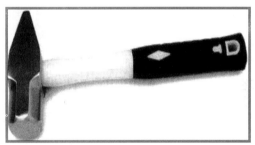

美式八角锤扁尾

美式八角锤

电焊锤

石工锤

七、电钻

手电钻

手电钻是以交流电源或直流电池为动力的钻孔工具，是手持式电动工具的一种。广泛用于建筑、装修、家具等行业，用于在物件上开孔或洞穿物体。

冲击钻

冲击钻主要适用于对混凝土地板、墙壁、砖块，石料，木板和多层材料上进行冲击打孔；另外，还可以在木材、金属、陶瓷和塑料上进行钻孔和攻牙而配备有电子调速装备作顺/逆转等功能。

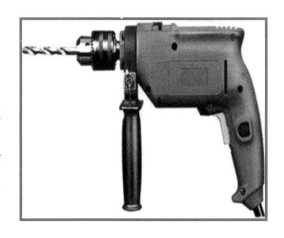

锤钻（电锤）

锤钻可在任何材料上钻洞，使用范围最广。

八、手锯

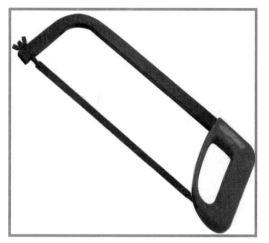
固定式手锯

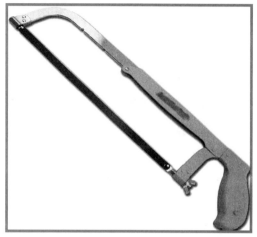
可调式手锯

锯条的安装

可按加工需要，锯条装成直向的或横向的，且锯齿的齿尖方向要向前，不能反装。锯条的绷紧程度要适当，若过紧，锯条会因受力而失去弹性，锯削时稍有弯曲，就会崩断；过松，锯削时不但容易弯曲造成折断，而且锯缝易歪斜。

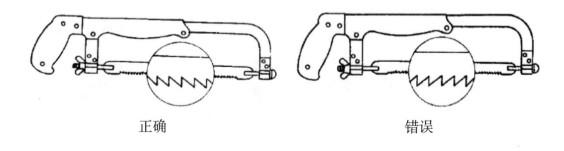
正确　　　　　　　　　　　　错误

手锯握法

右手满握锯柄（也可将食指伸直靠着弓架），控制锯削推力和压力；左手轻扶锯弓前端，配合右手扶正手锯，不要加过大压力。

锯削姿势

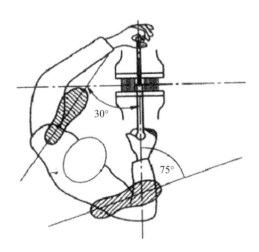

右脚与台虎钳中心线成 75° 角，左脚与台虎钳中心线成 30° 角。握锯时右手握柄，左手扶锯弓。身体正前方与台虎钳中心线成大约 45° 角，前腿弓，后腿绷。

锯削运动

　　锯弓的运动有上下摆动和直线运动两种。上下摆动式运动就是手锯前推时，身体稍前倾，双手随着前推手锯的同时，左手上翘，右手下压；回程时右手上抬，左手自然跟回。这种方式较为省力，除锯削管材、薄板材和要求锯缝平直的采用直线式运动，其余锯削都采用上下摆动式运动。

上下摆动式运动

直线式运动

起锯方法

　　起锯分远起锯和近起锯两种方法。起锯时，为保证在工件的正确位置上起锯，可用左手拇指靠住锯条；起锯时加的压力要小，往复行程要短，速度要慢，起锯角度约在15°。一般厚型、薄型工件都可用近起锯，管状工件可用远起锯。

远起锯

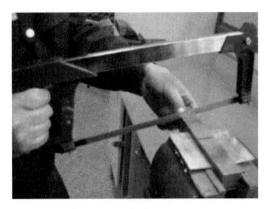

近起锯

左手拇指靠住锯条

各种材料的锯削方法

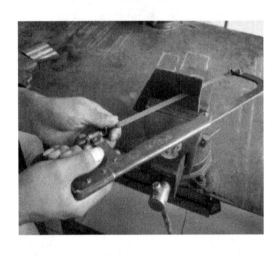

薄板料的锯削

锯削薄板料时易发生弯曲和抖动。锯削时应尽可能从宽面上锯下去。当只能在板料窄面上锯下去时，可用两块木板把板料夹在中间，连同木板一起锯开。这样可以增加板料刚度不抖动，又可防止锯齿钩住断落。

管子的锯削

锯削时必须把管子夹正，锯削时不能在一个方向上一次锯断，而应多次转动管子沿不同方向锯削，而每次只锯透管壁，直至锯断位置。这样可防止一下子锯断，也可防止管子边棱钩住锯齿使其崩裂或锯条折断。

深缝锯削

锯缝深度超过锯弓高度时，将锯条转 90° 安装。仍不够时，锯条转 180° 安装锯削。

九、錾子

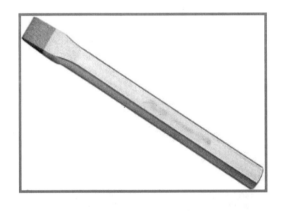

扁錾

扁錾切削部分扁平，刃口略带弧形。用来錾削凸缘、毛刺和分割材料，应用最广泛。

尖錾

尖錾切削刃较短，切削刃两端侧面略带倒锥，防止在錾削沟槽时，錾子被槽卡住。主要用于錾削沟槽和分割曲形板料。

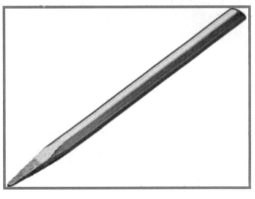

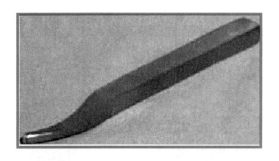

油槽錾

　　油槽錾的切削刃很短并呈圆弧形。錾子斜面制成弯曲形，便于在曲面上錾削沟槽，主要用于錾削油槽。

錾子握法

正握法

　　正握法是手心向下、腕部伸直，用中指、无名指握住錾子，小指自然合拢，食指和大拇指做自然松弛的松靠。錾子头部伸出大约 20mm。

反握法

　　反握法是手心向上，手指自然捏住錾子，手掌悬空。

立握法

　　立握法用五个手指捏紧，但手掌悬空。由上向下錾切板料和小平面时，多使用这种握法。

錾削姿势

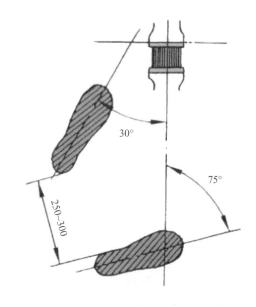

两腿自然站立，身体重心稍微偏于后脚。身体与虎钳中心线大致成45°角，且略向前倾，左脚跨前半步（左右两脚后跟之间的距离250~300mm），脚掌与虎钳成30°角，膝盖处稍有弯曲，保持自然；右脚要站稳伸直，不要过于用力，脚掌与虎钳成75°角。

眼睛注视錾削处。左手握錾使其在工件上保持正确的角度。右手挥锤，使锤头沿弧线运动，进行敲击。

錾削基本操作

1. 錾削狭平面

錾削较窄平面时，可以将錾子的錾刃对准要錾的部位，然后进行起錾。

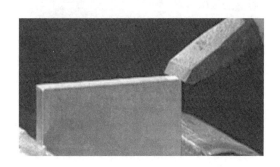

起錾时的角度，可以适当小一些。

一旦起錾，平面錾住以后，应该注意錾削的角度，即錾子的厚刀面与錾削的平面要保证一定的夹角，这个夹角我们也称其为錾削的后角，后角一般控制在 5°~8° 为宜。

錾削的方向不要和零件的方向一致，应该呈一定的角度，也就是錾子和錾削的方向保持一个角度。这样可以保证有较好的导靠性，錾削也比较轻快。

2. 錾削大平面

錾削较大平面时，可以在工件表面按錾削要求，用一窄錾子剔出几道沟槽，沟槽的深度应保持一致。

然后用宽錾子将留下的凸台子剃掉，这样比较省力。

当錾削接近尽头 10~15mm 时，必须调头錾去余下部分，防止造成工件的崩裂。

3. 錾切板料

切断厚度在 2mm 以下的薄板料时，可将其夹在台虎钳上錾切。

錾切时，板料按画线夹成与钳口平齐，用扩錾沿着钳口并斜对着板料约成 45° 角，自右向左錾切。

对尺寸较大的板料或錾切线有曲线的板料，可在铁砧上进行。此时，切断用錾子的切削刃应抹成适当的弧形，使前后排錾时的錾痕便于连接齐正。

第二节 常用仪表

一、验电笔

钢笔式验电笔

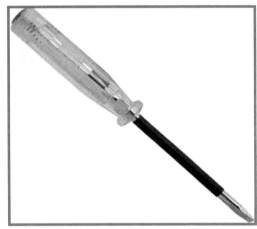

螺丝刀式验电笔

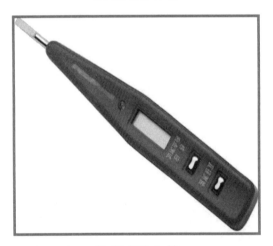

数字式验电笔

结构

弹簧 氖管 高电阻

笔尾金属体 笔尖金属体

使用

手接触笔尾的金属体、笔尖金属体接触被测电路。

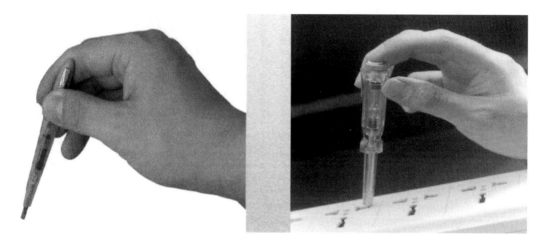

正确

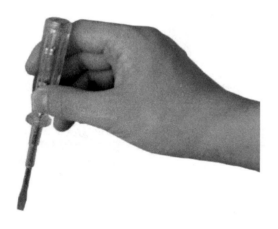

错误

二、万用表

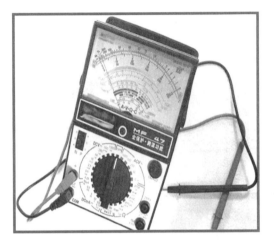

指针式万用表

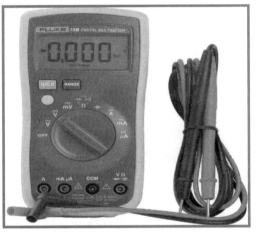

数字式万用表

台式万用表

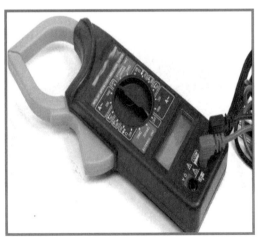

钳式万用表

指针式万用表

1. 表盘

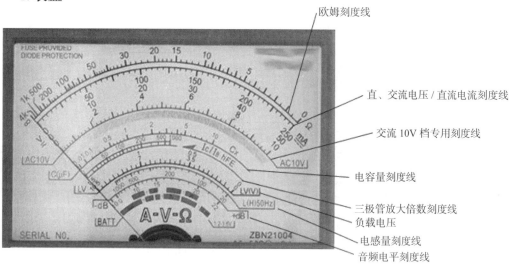

- 欧姆刻度线
- 直、交流电压 / 直流电流刻度线
- 交流 10V 档专用刻度线
- 电容量刻度线
- 三极管放大倍数刻度线
- 负载电压
- 电感量刻度线
- 音频电平刻度线

2. 表体

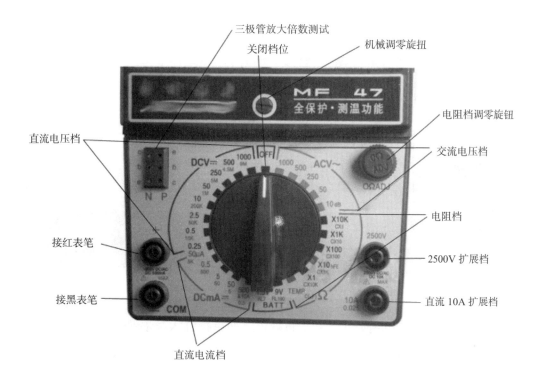

- 三极管放大倍数测试
- 关闭档位
- 机械调零旋扭
- 直流电压档
- 电阻档调零旋钮
- 交流电压档
- 接红表笔
- 电阻档
- 2500V 扩展档
- 接黑表笔
- 直流 10A 扩展档
- 直流电流档

3. 使用方法

（1）测量电阻

将量程开关置于合适的位置，将红、黑两笔短接，看指针是否指在零刻度位置，如果没有，调节电阻档调零旋钮，使表针指向右边的零位。

测量时，应将两笔分别接触待测电阻的两极（接触稳定）观察指针偏转情况。如果指针太靠左那么需要换一个稍大的量程。如果指针太靠右那么需要换一个稍小的量程。直到指针落在表盘中部。

（2）测量直、交流电压 / 直流电流

机械调零旋钮

测量前，应注意水平放置时，表头指针是否处于交直流挡标尺的零刻度线上，若不在零位，应通过机械调零的方法，使指针回到零位。

测直流电压：估计一下被测电压的大小，然后将转换开关拨至适当的 V 量程，将正表棒接被测电压"+"端，负表棒接被测量电压"–"端。然后根据该挡量程数字与标直流符号"DC–"刻度线（第二条线）上的指针所指数字，来读出被测电压的大小。

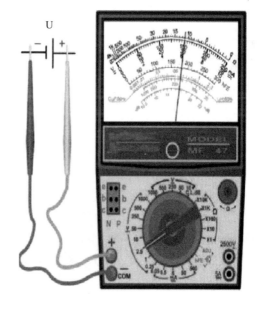

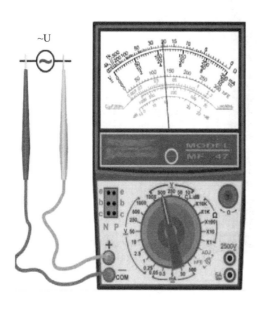

测交流电压的方法与测量直流电压相似，所不同的是因交流电没有正、负之分，所以测量交流时，表棒也就不需分正、负。读数方法与上述的测量直流电压的读法一样，只是数字应看标有交流符号"AC"的刻度线上的指针位置。

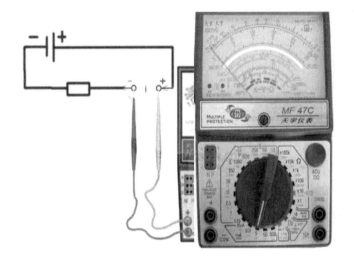

测直流电流：先估计一下被测电流的大小，然后将转换开关拨至合适的 mA 量程，再把万用表串接在电路中，同时观察标有直流符号"DC"的刻度线。如果无法估计，可以把转换开关拨到最大档位。如果发现表针偏转角度太小，可以将表笔断开，将转换开关拨至较小的档位，进行测量。

数字式万用表

1. 外观

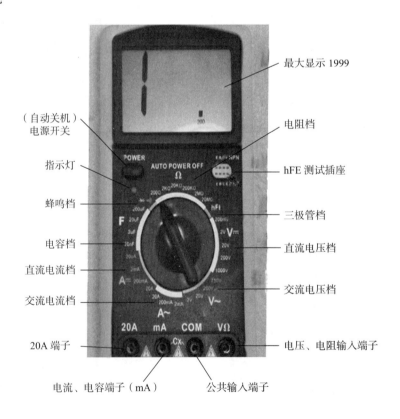

2. 使用方法

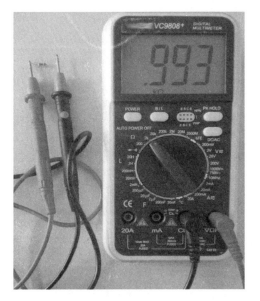

　　电阻的测量：将黑、红表笔分别插进"COM"和"VΩ"孔中，把旋钮旋到"Ω"中所需的量程，用表笔接在电阻两端金属部位，屏幕上显示的数据即为所测电阻值。

　　直流电压的测量：将黑、红表笔分别插进"COM"和"VΩ"孔中，把旋钮旋到"V▦"中所需的量程，用表笔接在电源或电池两端，保持接触稳定，屏幕上显示的数据即为所测直流电压值。

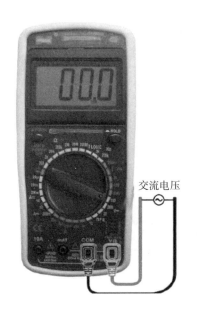

交流电压

　　交流电压的测量：将黑、红表笔分别插进"COM"和"VΩ"孔中，把旋钮旋到"V~"中所需的量程，交流电压无正负之分，测量方法同直流电压的测量，屏幕上显示的数据即为所测交流电压值。

电容器的测量：将电容两端短接，对电容进行放电，确保数字万用表的安全。将功能旋转开关打至电容"F"测量档，并选择合适的量程。将电容插入万用表CX插孔。读出显示屏上的数据。

三、绝缘电阻表

手摇式

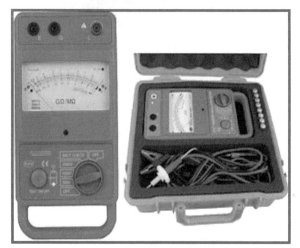

电子式

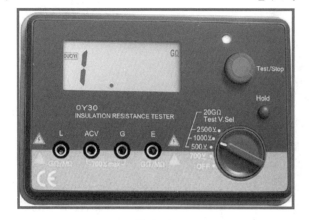

数字式

手摇式绝缘电阻表面板介绍

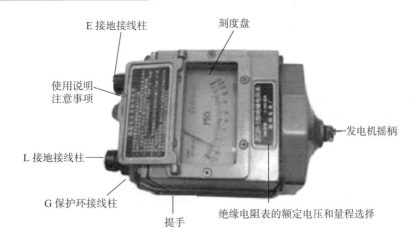

E 接地接线柱
刻度盘
使用说明注意事项
发电机摇柄
L 接地接线柱
G 保护环接线柱
提手
绝缘电阻表的额定电压和量程选择

（1）刻度盘：绝缘电阻表的刻度盘是由几条弧相关及固定量程标识所组成。表盘刻度线上有两个小黑点，小黑点之间的区域为准确测量区域。所以，在选表时使被测设备的绝缘电阻值在准确测量区域内。

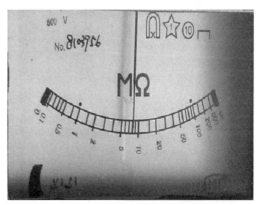

（2）接线端子：绝缘电阻表主要有 L 线路端子、E 接地端子和 G 保护环接线端子。

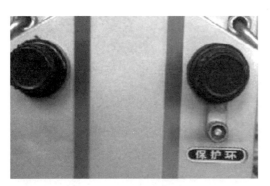

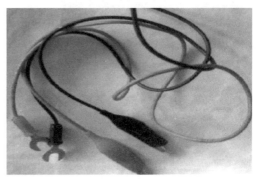

（3）测试线：绝缘电阻表有两条测试线，分别用红色和黑色标识，用于与待测设备的连接。

准备工作

（1）根据被测设备选择绝缘电阻表的额定电压和量程。

（2）拧松绝缘电阻表的 L 线路端子和 E 接地端子。

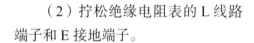

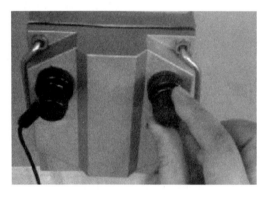

（3）将黑色测试线连接 E 接地端子，红色测试线连接 L 线路端子，并拧紧绝缘电阻表的检测端子。

表笔分开

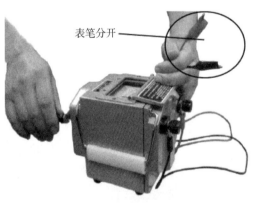

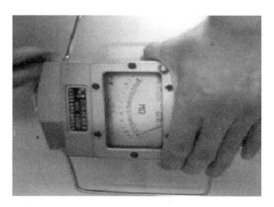

（4）在摇表未接通被测电阻之前，摇动手柄使发电机达到 120r/min 的额定转速，观察指针是否指在标度尺"∞"的位置。

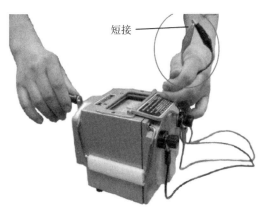

短接

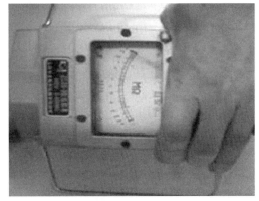

（5）再慢慢摇动手柄，使 L 和 E 两接线端输出线瞬时短接，指针应迅速指零。

使用方法

（1）检查被测电气设备和电路，看是否已全部切断电源。绝对不允许设备和线路带电时用绝缘电阻表去测量。

（2）测量前，应对设备和线路先行放电。

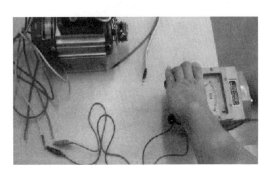

（3）测电动机内两绕组之间的绝缘电阻时，将 L 和 E 分别接两绕组的接线端。用力按住绝缘电阻表，摇动手柄由慢渐快的摇动摇杆，摇动 1min 后，待指针稳定下来再读数。

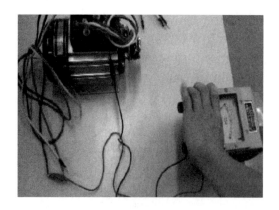

（4）测电动机绕组与地之间的绝缘电阻时，将绝缘电阻表的红色测试线与电动机的一根电源线连接，黑色测试线连接电动机的外壳（接地线）。

（5）正确读取被测绝缘电阻值大小。

四、水准仪

微倾水准仪

自动安平水准仪

激光水准仪

数字水准仪（电子水准仪）

结构

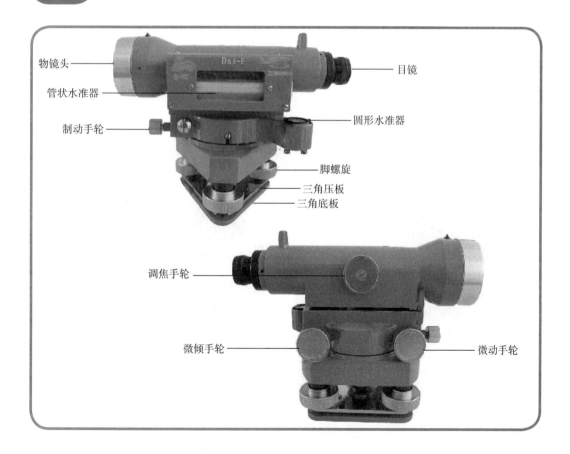

物镜头

目镜

管状水准器

制动手轮

圆形水准器

脚螺旋

三角压板

三角底板

调焦手轮

微倾手轮

微动手轮

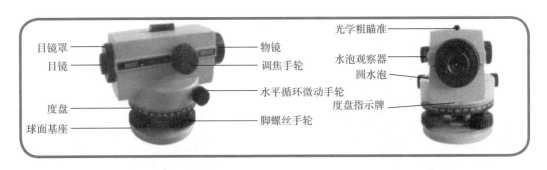

目镜罩 —— 物镜
目镜 —— 调焦手轮
—— 水平循环微动手轮
度盘 —— 脚螺丝手轮
球面基座

光学粗瞄准
水泡观察器
圆水泡
度盘指示牌

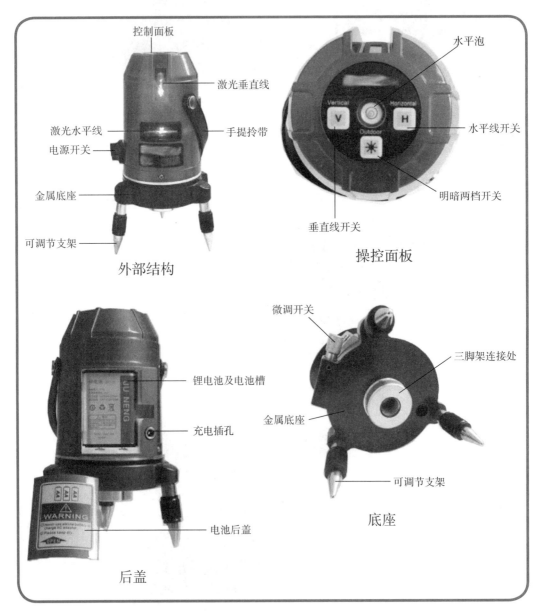

控制面板
激光垂直线
激光水平线
电源开关
手提拎带
金属底座
可调节支架

外部结构

水平泡
水平线开关
明暗两档开关
垂直线开关

操控面板

锂电池及电池槽
充电插孔
电池后盖

后盖

微调开关
三脚架连接处
金属底座
可调节支架

底座

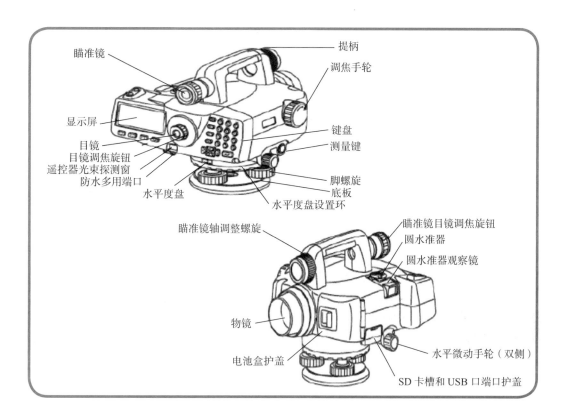

操作

1. 安置

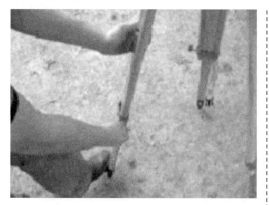

（1）安放三脚架：调节三脚架腿至适当高度，尽量保持三脚架顶面水平。如果地面松软，应将架腿踩入土中。

（2）连接螺旋：旋紧连接螺旋，将水准仪和三脚架连接在一起。

2. 粗平

调节脚螺旋。运用左手大拇指原则，使圆水准气泡居中。

3. 瞄准

（1）目镜调焦螺旋：调节目镜调焦螺旋，使十字丝清晰成像。

（2）物镜调焦螺旋：旋转物镜调焦螺旋，使远处物体清晰成像。

4. 精平

旋转微倾螺旋。观察气泡观察窗内的管水准气泡的影像，右手转动微倾螺旋，使气泡两端影像完全吻合。

5. 读数

仪器精平后，眼睛移至目镜，立即读取中丝读数，读取米、 分米、厘米、毫米共4位数。

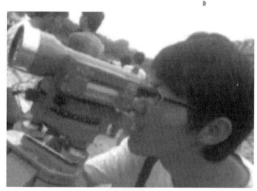

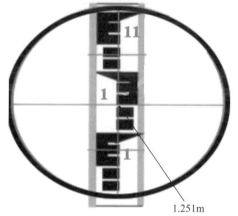

1.251m

第二章 常用材料

一、常见管材

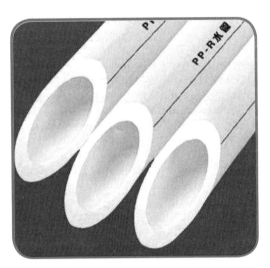

PP-R 管

PP-R 管又叫三型聚丙烯管、无规共聚聚丙烯管或 PPR 管，具有节能节材、环保、轻质高强、耐腐蚀、内壁光滑不结垢、施工和维修简便、使用寿命长等优点。是目前家装工程中采用最多的一种供水管道。

PE 管

PE 管又叫聚乙烯管，PE 管的使用领域广泛。其中给水管和燃气管是其两个最大的应用市场。

铜管

铜管又称紫铜管。有色金属管的一种，是压制的和拉制的无缝管。铜管具备坚固、耐腐蚀的特性，而成为现代承包商在所有住宅商品房的自来水管道、供热、制冷管道安装的首选。铜管是最佳供水管道。

薄壁不锈钢管

薄壁不锈钢管安全可靠、卫生环保、经济适用，管道的薄壁化以及新型可靠、简单方便的连接方法的开发成功，使其具有更多其他管材不可替代的优点，主要用于建筑给水和直饮水管道。

铝塑复合管

铝塑复合管有较好的保温性能，内外壁耐腐蚀，因内壁光滑，对流体阻力很小；又因为可随意弯曲，所以安装施工方便。作为供水管道，铝塑复合管有足够的强度。

球墨铸铁管

球墨铸铁管较普通铸铁管壁薄、强度高，其冲击性能为灰口铸铁管的 10 倍以上，应用于室内给水系统。

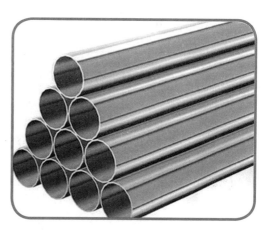

PVC 管

　　PVC 管实际就是一种塑料管，接口处一般用胶黏接。因为其抗冻和耐热能力都不好，所以很难用作热水管。适用于电气穿线管道和给排水管道。

二、常见管件

法兰

　　法兰是管子与管子之间相互连接的零件，用于管端之间的连接，也有用在设备进出口上的法兰。

活接

　　活接也称油任，外形为立体多边形设计，内层刻有立体螺纹，连接形式是一个固定接头和一个活母接头配套使用。

管箍

管箍是工业管道连接中常用的一种配件，用来连接两根管子的一段短管。

冷拔三通

冷拔三通是一段主管加上一个小的分支管，两个大的尺寸是主管，中间接出来的小尺寸就是支管。

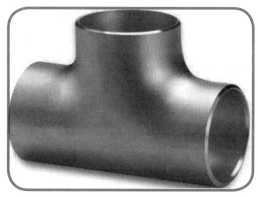

弯头

弯头是水暖安装中常用的一种连接用管件，用于管道拐弯处的连接，是改变管路方向的管件。

弯管

弯管是采用成套弯曲模具进行弯曲，主要用以输油、输气、输液等。

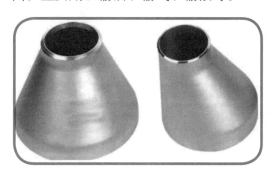

异径管

异径管又称大小头，是化工管件之一，用于两种不同管径的连接。又分为同心大小头和偏心大小头。

异径弯头

异径弯头是在做 90° 转弯时让管道的口径发生变化。大小头不能做转向用。有热推弯头、冲压弯头、焊接弯头。

支管台

支管台又叫支管座、鞍座、鞍形管接头。用于支管连接的补强型管件，代替使用异径三通、补强板、加强管段等支管连接形式。

三通

三通为管件、管道连接件。又叫管件三通或者三通管件、三通接头，用在主管道要分支管处。

四通

四通用来连接四根公称通径相同，并成垂直相交的管子。

生料带

生料带是水暖安装中常用的一种辅助用品，用于管件连接处，增强管道连接处的密闭性。

法兰盲板

法兰盲板亦称盲法兰，实名叫盲板。是法兰的一种连接形式。其实就是中间没有孔的法兰。

垫片

垫片是放在两平面之间以加强密封的材料，为防止流体泄漏设置在静密封面之间的密封元件。

线麻

线麻是水暖安装中常用的一种辅助用品，使用时，缠在管件丝扣上，可以起到密闭作用，防止漏水。

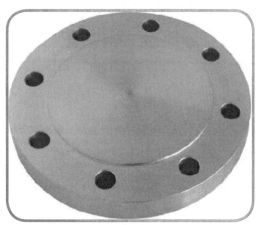

管堵

管堵装在管端内螺纹上。

封头

封头属压力容器中锅炉部件的一种。通常是在压力容器的两端使用的。

焊接堵头

焊接堵头把管道中不需要的口堵起来，起到封闭作用。与盲板、封头及管帽有相同性。

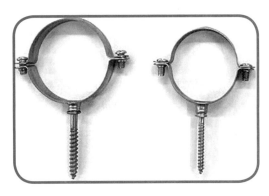

管卡

管卡用于管路固定的管件，水暖安装中常用的一种管件，用于固定管道。

阀门

阀门是流体输送系统中的控制部件，具有截止、调节、导流、稳压、分流或溢流泄压等功能。

补偿器

　　补偿器由构成其工作主体的波纹管和端管、支架、法兰、导管等附件组成。属于一种补偿元件。

除污器

　　除污器用于防止管道介质中的杂质进入传动设备或精密部位，避免生产发生故障或影响产品的质量。

水龙头

　　水龙头是水阀的通俗称谓，用来控制水流大小的开关，有节水的功效。

第二节　电线电缆

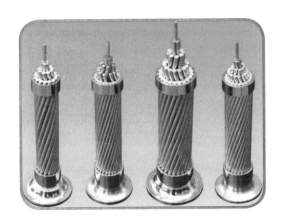

裸电线

　　裸电线是仅有导体而无任何绝缘层的产品，它是电线电缆中最基本的一大类产品。导体质量对各种绝缘电线电缆产品的质量起着决定性作用。

绕组线

　　绕组线是一种具有绝缘层的导电金属线，用以绕制电工产品的线圈或绕组。其作用是通过电流产生磁场或切割磁力线产生感应电流，实现电能和磁能的互相转换，故又称电磁线。

电力电缆

　　电力电缆和架空导线在电力系统中都是用于传送和分配电能的线路中，但在一定特殊情况下，它能完成架空线路不易或无法完成的任务。

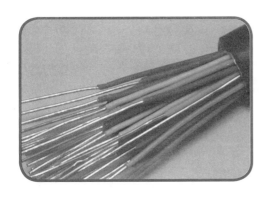

通信电缆

通信电缆内部是铜芯线。当话机将声信号转换成电信号后经线路传输到交换机，再由交换机经线路将电信号直接传至另一台话机上接听，这一通话过程传输的线路就是通信电缆。

通信光缆

通信光缆内部是玻璃纤维。当话机将声信号转换成电信号后经线路传输到交换机，再由交换机将这一电信号传至光电转换设备（将电信号转换成光信号）经线路传至另一光电转换设备（将光信号转换成电信号），再至交换设备、至另一台话机上接听。在两光电转换设备之间的线路就是通信光缆。

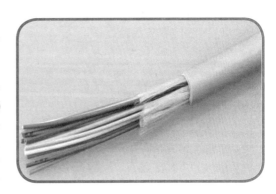

第三节 插座开关

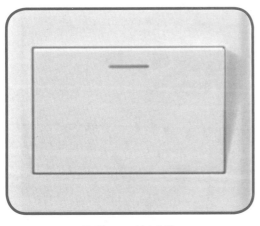

一位单 / 双控开关

二位单 / 双控开关

三位单 / 双控开关

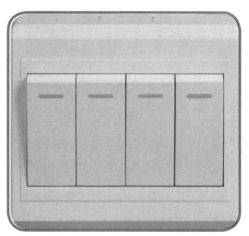

四位单 / 双控开关

三孔插座

三孔插座 + 开关

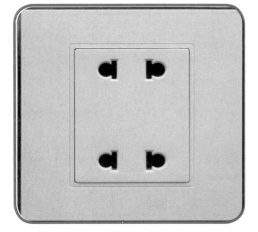

四孔插座

五孔插座

三相四极插座

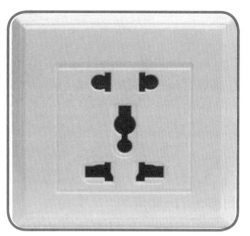

多功能五孔插座

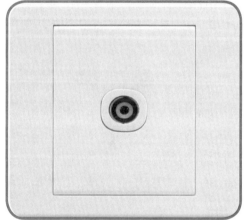

普通电视插座

宽频电视插座

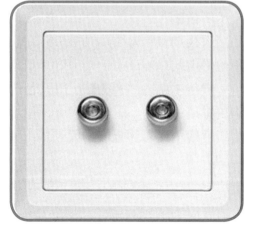

一位音响插座（2端子音响插座）

二位音响插座（4端子音响插座）

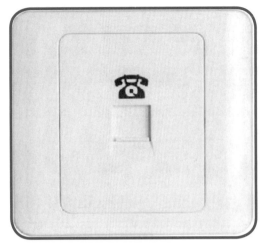

电话插座

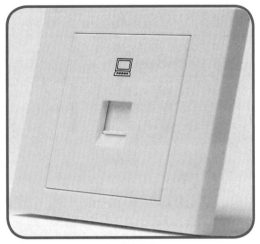

电脑插座

电话＋电脑插座

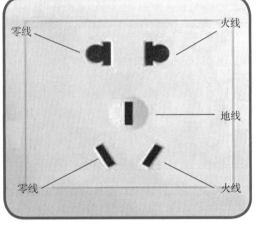

接线标准：

火线（L）：火线必须用红色、黄色、绿色的电线；

零线（N）：零线必须用黑色、蓝色的电线；

地线（PE）：地线必须用黄、绿双色线。

第四节 其他电工材料

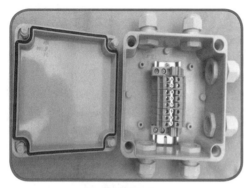

防水接线盒

防爆接线盒

太阳能接线盒

吊灯

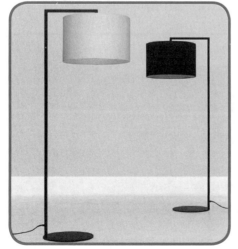

落地灯

吸顶灯

射灯

壁灯

筒灯

浴霸灯

节能灯

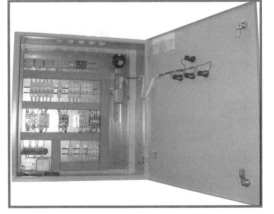

固定面板式开关柜

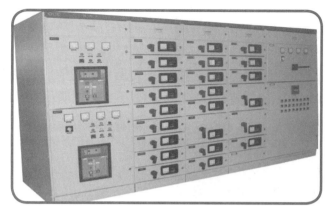

抽屉式开关柜

防护式（即封闭式）开关柜

动力、照明配电控制箱

第五节　LED灯具

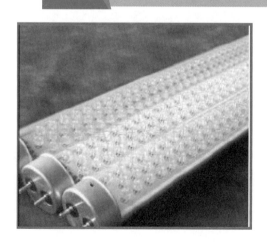

LED日光灯

　　LED日光灯可用在商场、工厂、办公区域、学校、家居等不同场所，使用范围最为广泛。

LED 球泡灯

LED 球泡灯可用于家居、办公、商业等室内专业照明;专卖、商场内商业橱窗、饰柜照明;酒吧、咖啡厅、餐厅、舞吧等休闲娱乐场所的气氛照明。

LED 射灯

LED 射灯可用于商场做重点照明,节约能源,给商场提供照明光线;可用于宾馆照明,用来取代白炽灯、卤素灯等;可用于室内装修照明;可用于一般用途的库房,风机、水泵房等,提供一般性整体照明,节约能源且维修成本低;可用于酒吧等娱乐场所。

LED 面板灯

LED 面板灯可用于商场、办公区域、学校、酒店、家居等不同场所,用于高档照明。

LED 吸顶灯

　　LED 吸顶灯可用于走廊、厕所等。

　LED 软灯条

　　LED 软灯条多用于酒店、KTV 等的装饰。

LED 硬灯条

　　LED 硬灯条在珠宝柜台用量较大。

第三章 水路安装操作技巧

第一节 水路工程施工流程

1. 预排布局弹线定位。

2. 开槽布管定位开孔。

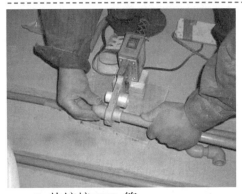

3. 热熔接 PPR 管。

4. 水路布线横平竖直。

5. 水管交叉处采用过桥弯连接。

6. 水路的测压检查。

8. 水管地面水泥保护。

7. 水管支架木方保护固定。

9. 水管顶面布管吊筋箍套固定。

第二节 给水、防水施工原则

一、给水施工原则

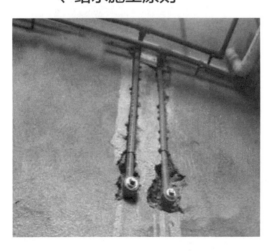

1. 家庭装修中，水管最好走顶不走地。

2.水管开槽的深度是有讲究的，冷水埋管后的批灰层要大于1cm，热水埋管后的批灰层要大于1.5cm。

3.冷热水管要遵循左侧热水右侧冷水，上热下冷的原则。

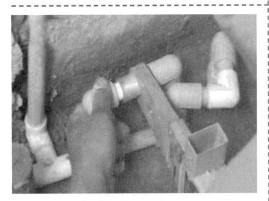

4.家庭装修的给水管一般用PPR热熔管。

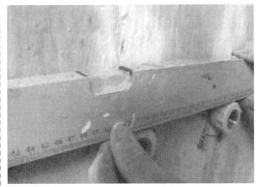

5.安装好的冷热水管管头的高度应在同一个水平面上。

6.水管安装好后，应立即用管堵把管头堵好。

7.水管安装完成后进行打压测试。

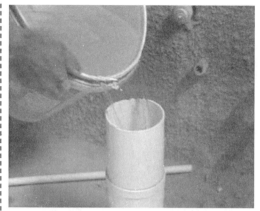

8. 打压测试时，打压机的压力一定要达到 0.6MPa 以上。

9. 下水管要放水检查，仔细检查是否有漏水或渗水现象。

二、防水施工原则

1. 防水前，一定要把需要作防水的墙面和地面打扫干净。

2. 一般的墙面防水剂要刷到 30cm 高度。

3. 背后有柜子或其他家具的墙面，至少要刷到 1.8m 高度。

4.地面要全部刷到,而且必须等第一遍干后,才能刷第二遍。墙角位置,要多刷 1~2 遍。下水管周围,要多刷 1~2 遍。

5.防水做完要"开闸放水",试水。

第三节　PPR 管的熔接与安装

一、PPR 管熔接

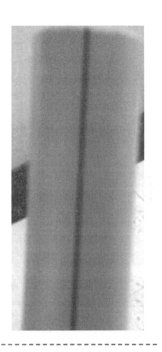

1.在管的配件中，每个接口后有四个点，而在每根 PPR 管上面都会有一条直线。在熔接的时候最好做到点线重合，这样在接下一个配置时就比较好把握配件的角度。

2.熔接 PPR 管使用的工具。

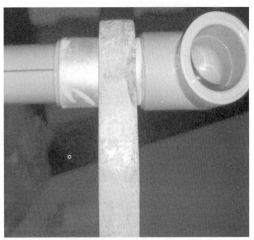

3.选择和管相对应的熔接头加至最高温（一般 300℃左右）进行熔接。

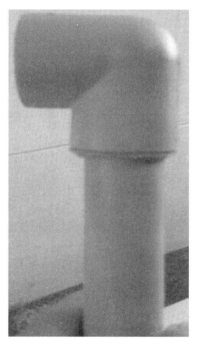

4.快速取出，管线对配件的点插入。

5.在管冷却之前，看看管的角度有没有偏差，如有偏差就要快速调整。

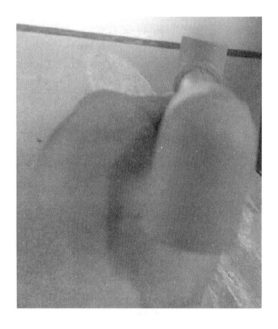

6.如果两边都有配件时，在点对线的前提下，还要用肉眼看看管件是否对整齐，要是地板平整的话，也可以放在地板上压平。

二、PPR 管安装

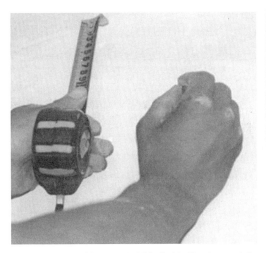

1. 用铅笔画金属管卡的位置，两点间的间距不小于 800mm，然后用电锤在定位点上打眼。

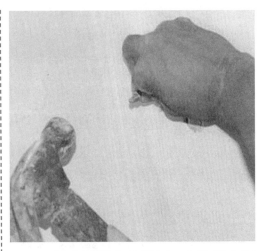

2. 钉金属管卡的螺钉。在孔眼内钉上木楔子之后，再在木楔上钉金属管卡的螺钉，一定要将螺钉紧密钉入木楔中，防止松动。

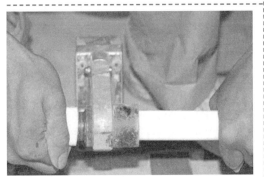

3. 根据测量好的尺寸进行热熔。

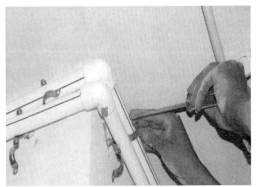

4. 将接合好的水管上架，逐个用螺丝刀拧紧管卡，注意转角处是受力点，管口一定要拧牢固。阀门安装位置应正确且平整（算好瓷砖铺贴的厚度），便于使用和维修。

5. 所有堵头封好，用试压泵测水压。

6. 在堵头丝口缠上生料带，防止漏水，再把堵头拧紧。

7. 水管铺设应横平竖直、牢固。

第四节　厨房下水管安装

一、下水的材料

下水管及配件一般是 PVC 材料，常用的管件有下水管、三通、90° 弯头、45° 弯头及返水弯等，如图 3-1 所示。

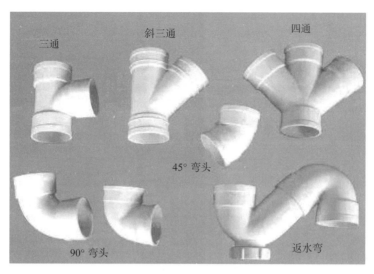

图 3-1 下水材料

三通　斜三通　四通　45°弯头　90°弯头　返水弯

还有各种变径接头，能把不同型号的管连接在一起，注意图 3-2 中的返水弯与上面的形状不一样，返水弯有两种，一种是圆形的，一种是三角形的，图 3-2 中返水弯是圆形的，安装回旋余地更大些。

图 3-2 返水弯

这里特别介绍一下 PVC 管件中的伸缩节，要是碰到两头都是硬管的情况，连接必须用伸缩节，如图 3-3 所示，否则接不上。

图 3-3 伸缩节

二、下水的安装

下排水

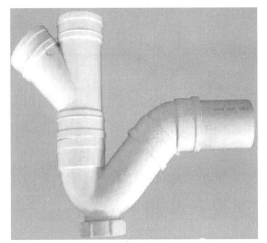

侧排水

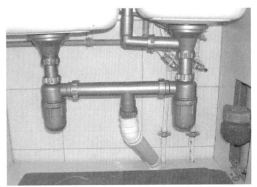

连接水槽下水

老房下水改造

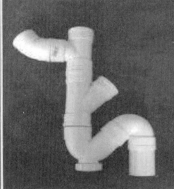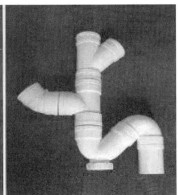

多个下水的连接

接 PVC 下水管的方法及步骤

1. 先准备好要接的管件和专用 PVC 胶。

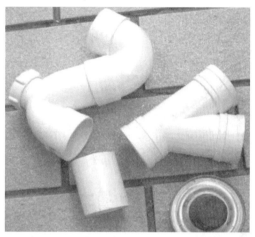

2. 把直管据成相应的尺寸，注意加上插入管件的部分尺寸。

3. 在直管向上插入管件的部分抹胶。

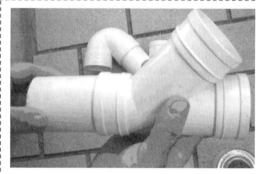

4. 将直管向上插入管件粘牢。

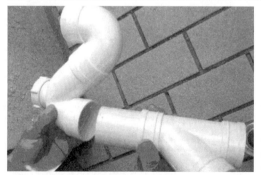

5. 将直管直接插入下面的管件，不用抹胶。

6. 三通与返水弯联结最好中间不要露管，最大限度地降低三通的高度。

第五节　面盆安装

一、面盆种类

独立式台上盆

嵌入式台上盆

台下盆

挂盆

柱盆

一体盆

二、面盆安装方法

柱盆安装方法

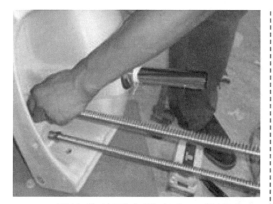

1.将柱盆的下水器安上，然后安上龙头及软管。

2.将柱盆的瓷柱摆放到相应位置。

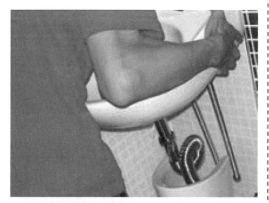

3.把柱盆小心放上去，注意下水管正好插到原来地面留出的下水管处，然后将上水管连接到上水口。

4.沿着柱盆的边缘打上玻璃胶。

面盆下水器安装方法

1. 拿出下水器。

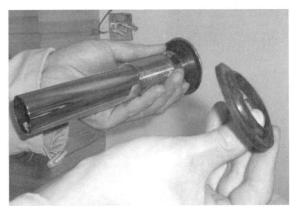

2. 拆下下水器下面的固定件与法兰。

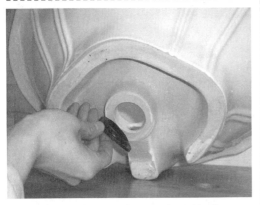

3. 拿起台盆，拿出下水器的法兰。

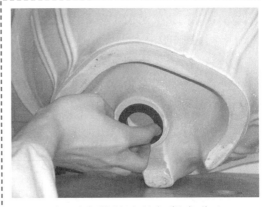

4. 把下水器的法兰扣紧在盆上。

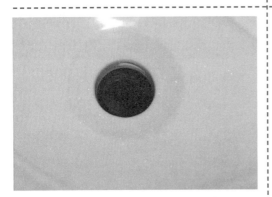

5. 法兰放紧后，把盆放平在台面上，下水口对好台面的口。

6. 在下水器适当位置缠绕上生料带，防止渗水。

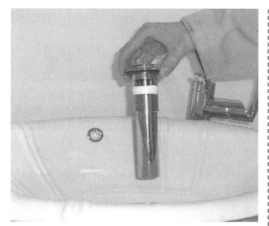

7. 把下水器对准盆的下水口。

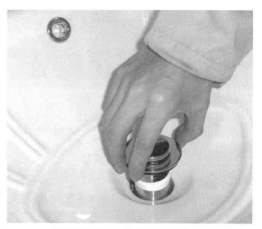

8. 把下水器对准盆的下水口放进去。

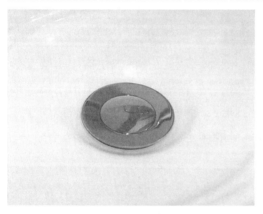

9. 把下水器对准盆的下水口，放平整。

10. 把下水器的固定器拿出，拧在下水器上。

11. 用扳手把下水器固定紧。

12. 在盆内放水测试。

第六节　坐便器安装

1. 装前准备。对坐便器及安装位置进行测量，以确保产品尺寸正确、方便使用。安装三角阀，并检查地面下水处是否干净无异物。

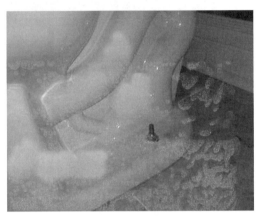

2. 画线定位。将坐便器放入要安装位置，对齐下水口。用铅笔沿坐便器边沿画线，明确安装的具体位置以便于涂抹硅胶固定。

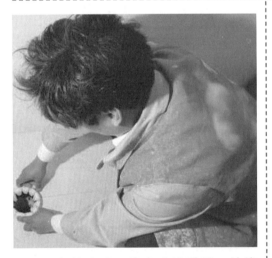

3. 安装法兰。检查法兰质量，并将其放置下水口。用硅胶固定，并确保不会发生渗漏等问题。法兰安装是整个流程中最为重要的环节。

4. 做好固定。在铅笔画线部位涂抹硅胶，这样能确保地面与坐便器紧密连接。硅胶最好沿线的内端均匀涂抹，以避免硅胶的浪费。

5. 摆正位置。将坐便器按原位摆回，确定位置固定好后，应把底部溢出的硅胶及时清理干净。对没有贴合的地方进行修补，以防日后渗漏。

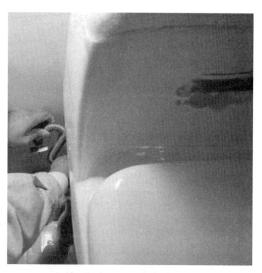

6. 连接进水。连接好坐便器的进水软管，要确保连接点牢固，管体无折压，以避免发生渗水、漏水或流水不畅的现象。

7. 连接牢固。对坐便器与地面的连接处仔细检查。尤其是一些有螺栓或缝隙的地方，要用硅胶反复涂抹，任何的遗漏都会给日后带来很多麻烦。

8. 放水测试。坐便器安装好后要对其进行放水试验，适当调节水箱内水位的高低，通过声音、流速检查下水是否通畅、正常。

第七节 花洒安装

一、花洒种类

按安装方式分

暗置花洒

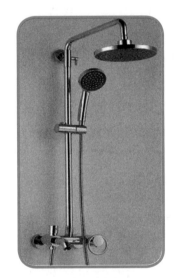
明装升降杆花洒

按形式分

手持花洒

头顶花洒

侧喷花洒

二、花洒出水方式

花洒水

　　花洒水是淋浴中最常使用的出水模式，出水的水花呈圆锥形，出水范围较大。水花美观而大方，是适用于任何淋浴者的一种出水方式，特别适合于节省淋浴时间的消费者。

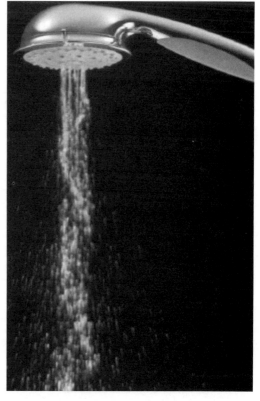

按摩水

　　按摩水是水流间断性地快速冲出，有节奏地拍打人体，产生一种按摩的效果。这种出水功能可以很快地缓解因工作或生活等带来的疲劳，在淋浴的同时，享受淋浴带来的健康。

喷雾水

喷雾水的出水方式呈现雾状喷射，给淋浴空间制造雾状水汽的一种功能，除了能增加淋浴的情趣外，还能达到迅速调节浴室温度的效果。

气泡水

气泡水的出水效果呈现气泡状，水流中夹杂着大量的氧气，是一种温和的出水方式。这种出水功能适用于肌肤细腻的女性和婴幼儿，另外特别适用于洗发，使用这种温和的出水效果不会造成花洒溅射而弄湿衣服或者其他空间。

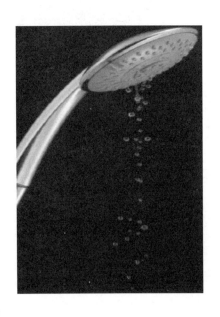

滴水

滴水是一种微量的出水方式，这种出水功能不是漏水，因为花洒本身并不带有开关水的功能，这种功能的设计是方便在淋浴时洗头或者涂抹沐浴露时，可以不使用龙头关闭出水，使用花洒的滴水功能，达到再次使用热水的时候无须因龙头关闭而重新调节水温。

三、花洒安装方法

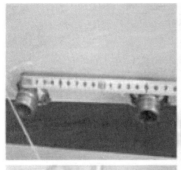

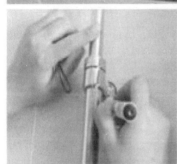
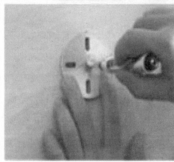

1. 在混水阀和花洒升降杆的比对下，用尺子测量好安装孔，在用黑色马克笔描好孔距尺寸。

2. 用钻孔机按照之前描好的尺寸进行钻孔，然后安装好花洒升降底座和偏心件，最后再盖上遮丑盖进行装饰。

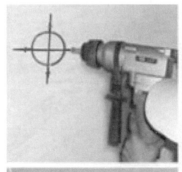

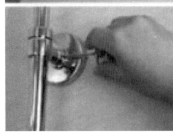
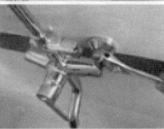

3.安装花洒的整个支架以及混水阀，用扳手和佩带的六角小扳手进行固定。

4.将小花洒的不锈钢软件与转换开关处连接，用扳手固定，再把软管另一端与小花洒连接好。

5.将花洒与支架顶端连接，用扳手进行固定。整个花洒就安装好了。

第八节　热水器安装

一、热水器种类

储水式电热水器

即热式电热水器

燃气热水器

太阳能热水器

二、热水器安装方法

储水式电热水器安装

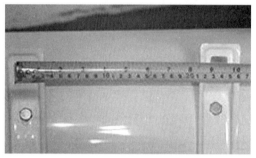

1. 测量热水器背面挂槽距离。

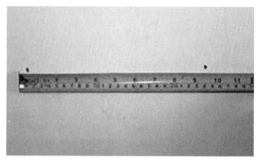

2. 在墙面测量挂槽距离并做标记。

3. 用 16mm 电钻打孔。

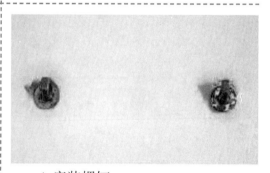

4. 安装螺钉。

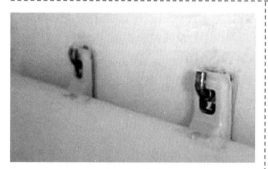

5. 对准挂槽把热水器挂上。

6. 把防电墙安装在冷 / 热水口。

7. 将泄压阀安装在冷水口。

8. 安装混水阀。

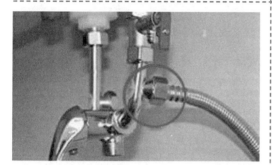

9. 安装进水管。

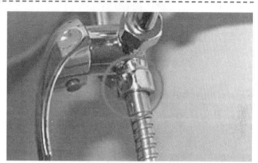

10. 安装花洒管。

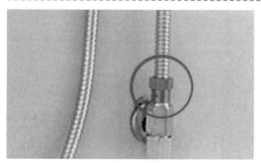

11. 连接进水管接口。

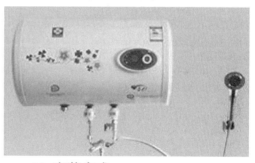

12. 安装完成。

即热式电热水器安装

（一）固定挂板

1. 确定安装位置，用随机器附带的定位纸板标记钻孔位置。

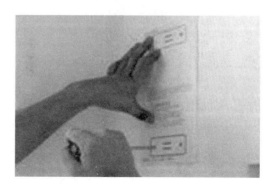

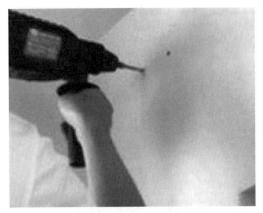

2.用电钻在4个标记号的位置打孔。

3.用钉锤把4个硬质塑料膨胀管打进钻孔内。

4.用螺钉固定热水器挂板。

5.取出热水器主机,根据电源线所需出口位置调节电源线的方向。

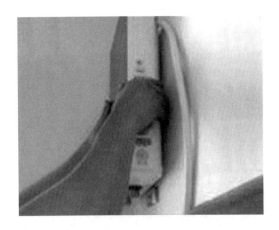

6.垂直将热水器主机背面的卡扣插入已经固定好的挂板中,热水器就安装好了。

（二）安装花洒升降架

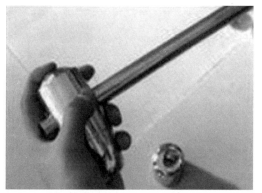

1. 取出升降架配件，将中档花洒头卡位装进升降杆上。

2. 肥皂托盘在中档下面，可以用手先调节调试。

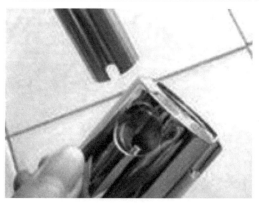

3. 有缺口的一端是升降架的最下端。

4. 将组装好的升降架放在需要安装的位置，标记打孔位置。

5. 用电钻在标记的地方打孔，打进塑料膨胀管。

6. 用随机配送的螺钉，固定好升降架。

(三)接通水路

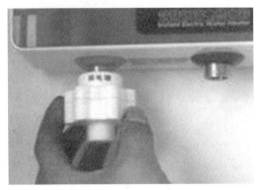

1. 在热水口装上配送的隔电墙(部分机器内置隔电墙则不需要安装),不需要生料带,用手拧紧即可。

2. 隔电墙的下端安装花洒软管(可以借助扳手,轻轻拧紧即可)。

3. 进水口一端装上调流泄压阀(可以借助扳手,轻轻拧紧即可)。

4. 在调流泄压阀下端安装进水软管,另外一端连接在自来水预留口。

5. 整理管路,让其尽量美观。

6. 整个热水器主机和水路完成安装。

（四）接通电器

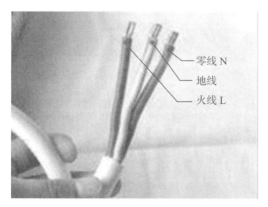

1.先分清线路，蓝色：零线 N；黄绿色：地线；棕色：火线 L。

2.按照提示：下端是连接热水器电源线（注意正确连接线路）。

3.把漏电保护器装到防水盒，接通电源线即可（先把家里的电源总开关关闭，再接电源线）。

（五）调试

先通水，再通电，然后调试适合自己的温度。

第九节　水龙头安装

一、水龙头种类

按开启方式分

螺旋式水龙头

抬启式水龙头

扳手式水龙头

按压式水龙头

感应式水龙头

触摸式水龙头

按结构分

单联水龙头

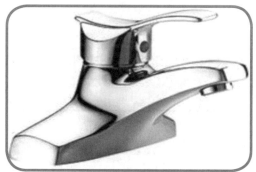

双联单控水龙头

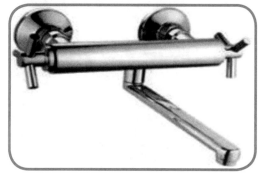

双联双控水龙头

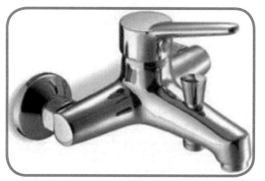

三联单控水龙头

按使用功能分

面盆水龙头

浴缸水龙头

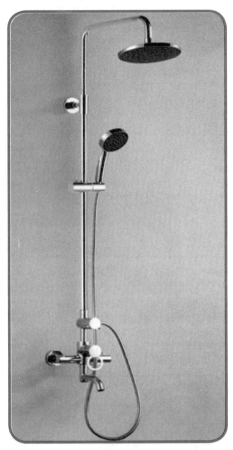

淋浴水龙头

厨房水槽水龙头

洗衣机水龙头

二、水龙头安装方法

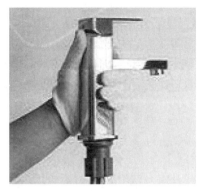

1. 安装水龙头时请注意保护水龙头壳体镀层，防止金属物品碰触水龙头。

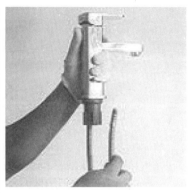

2. 用手将一根编制软管拧下来。

3. 拆下易装套筒。

4. 垫圈很重要，千万不要丢掉。

5. 用力拧紧易装器。

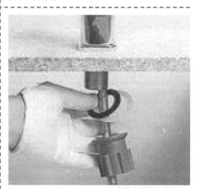

6. 把龙头放在安装孔上，按图所示次序安装垫圈、易装套筒。

7.把前面拆下来的编织软管穿过易装套筒、垫圈装回龙头并拧紧。

8.拧紧易装套筒。

三、水龙头的修理

1.撬开水龙头把手上面的塑料盖板并拧下里面的螺钉。

2.用螺丝刀取下水龙头的开关把手,用扳手取下阀芯。

3.买一只同样的阀芯拧进待修的水龙头,盖上把手,注意位置要一致。

4.拧上螺钉，盖上塑料挡板。

第十节　地漏安装

一、地漏种类

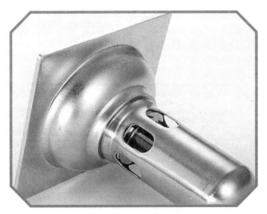

倒钟罩式水封地漏

倒钟罩式水封地漏克服了水封越深排水越不畅的弊病，加大了排水速度，有效地保护了地漏的密封功效。

偏心式水封地漏

偏心式水封地漏将返水弯做到下水管里，地漏芯构造简单，设计巧妙，用很少量的水，就能达到深水封的效果。

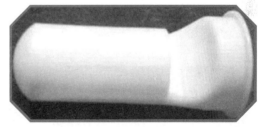

半开口式水封地漏

半开口式水封地漏外形如打酒的酒提，里面结构是大管套小管，采用半开口的酒提形式连接，排水畅通，不易挂毛发。

翻板地漏

翻板地漏利用重力有水来的情况下打开，没水的情况下合闭。翻板地漏结构比较简单，价格比较便宜。

弹簧式地漏

弹簧式地漏的上弹式需要按压两次才能完成，一般多用于洗漱盆里用。弹簧自封地漏具有排水快的优点。

磁铁式地漏

磁铁式地漏用两片磁铁的磁力吸合密封垫来密封。地漏有水时打开，没水时关闭，排水快。

鸭嘴式自封地漏

鸭嘴式自封地漏一般用硅胶做成鸭嘴形出水口，排水时，冲开口，特别顺畅。不排水时，闭合严实，防臭效果较好。

浮球式地漏

　　浮球式地漏的密封垫下部有空心浮球，利用机械传动原理，逆向运用水能的流动来开闭装置，以达到隔绝地漏以下的有害气体的作用，其内心可以拆卸，方便清洗。

二、地漏安装方法

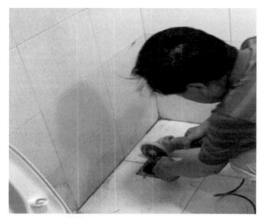

　　1.需要把原来的地漏拆除，用切割机将地砖切开。切割的过程中喷水可以更好地完成切割直线。

　　2.切割完成后用榔头敲打地漏及切割的部分，使地漏与地砖之间出现松动，能够更容易的取出需要更换的地漏。取下地漏后发现地漏上附着了许多杂物，这就导致了卫生间排水不流畅及出现异味。

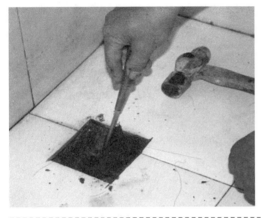

3. 把地漏放一边，找块抹布放入下水通道口，一定要堵塞严实，主要是防止清理凹槽时水泥、沙粒等掉入、堵塞下水管道。

4. 清理沙粒、水泥等杂物。

5. 清理完成后取出抹布，放入地漏检查地漏高低是否合适。

6. 若没问题后取出适量的防渗水材料并和拌均匀，这里最好用防水材料，否则水有可能会渗入下一层。

7.把和拌均匀的防水材料涂抹到凹槽及新地漏的周边，接着把地漏放入凹槽，注意凹槽比周边地砖低大概 1mm。

8.等大约 10min 后，把蘸过水的过滤轴放入地漏底座，并适当的旋转使过滤轴周边的硅胶与底座充分结合，放上过滤网，并打扫地漏周边，即安装完毕。

第十一节　厨房水槽安装

1. 留出位置。

2. 龙头安装。

3. 放置水槽。

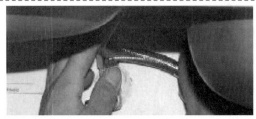

4. 安装龙头的进水管。

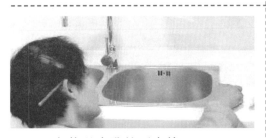

5. 安装溢水孔的下水管。

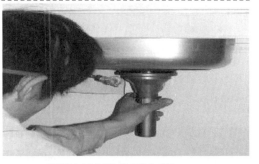

6. 安装过滤篮的下水管。

7. 安装整体的排水管。

8. 安装挂片，加固槽体。

9. 进行排水试验。

10. 槽体周围封边。

11. 完成水槽安装。

第十二节　浴室柜安装

常用工具

卷尺

笔

电钻

螺丝刀

锤子

胶枪

挂墙式浴室柜安装

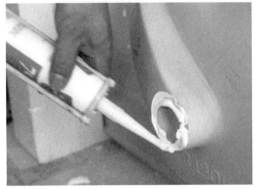

1.台盆在组装下水器前，需要在下水口打上一层密封胶。

2.安装下水器。先安装上胶圈、拧紧铜圈，然后再连接下水钢管，拧紧，最后再打上一层胶。

3.连接水龙头。将龙头软管伸入水龙头安装口，然后利用螺钉固定住。

4.用卷尺和颜色笔确定柜体钉孔位置。

5.将冲击钻连上电源，在标记出来的位置打出较深的安装孔。

6.利用手锤将膨胀胶粒敲入钻孔内。

7.安装胶粒后，将螺钉件连接柜体和墙面。

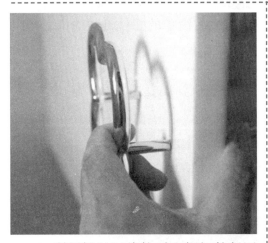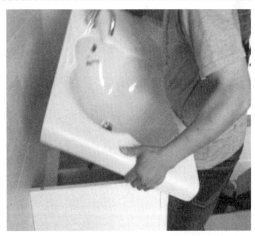

8.利用螺丝刀将拉手和螺钉件紧固在固定位置。

9.安装台盆。放置的时候，注意台面与柜体的契合，注意调节到水平。

10. 浴室镜安装高度一般离台面20cm 左右，安装的时候需要先确定安装位置，以及装挂钉的位置。利用卷尺和颜色笔定位。

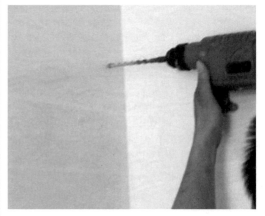

11. 用冲击钻在标记的位置打孔。然后用手锤将胶粒装入孔内。

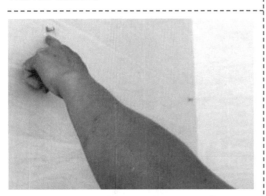

12. 将螺钉打入安装孔内，但是需要留出一小截。

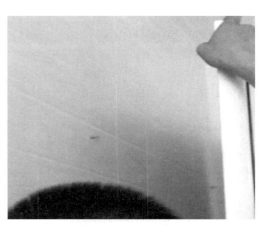

13. 将镜子的扣件部块对准钉子，将镜子挂在钉子上面。

14. 清洁打胶。

15. 安装完成。

落地式浴室柜安装

1. 台盆组装。

2. 安装前，需要将柜体倒过来，安装 4 个落地脚。安装比较简单，不过要注意紧固好，4 个地脚安装要水平。

3. 将柜体移放到安装区。

4. 连接冷热水口。用下水弯管连接下水器和下水管口。

5. 浴室镜安装。安装的时候，需要量好位置，然后利用螺丝刀，将扣件固定到浴室镜框后面。

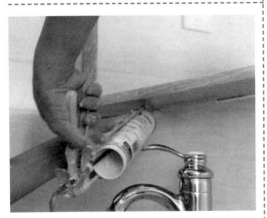

6. 清洁打胶。

7. 安装完成。

第四章 电路安装操作技巧

第一节 家装电路施工工艺流程

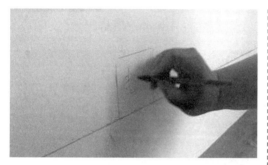

1. 定位。

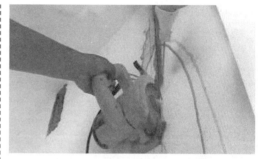

2. 开槽。

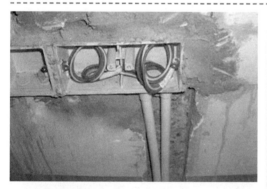

3. 墙面方形暗合入位。

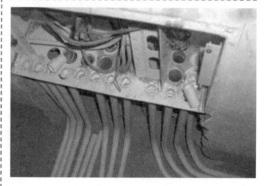

4. 弱电箱入位。

5. 墙、地面布 PVC 线管。

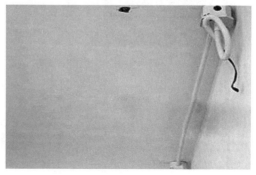

6. 顶面布线沿边走。

7. 强、弱电线分开布排。

9. 强电漏电仪验收。

11. 胶布裹包入暗盒内拧加红色专用封盖板。

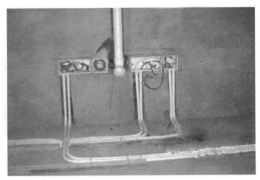

8. 强、弱电布排保持距离。

10. 线管保护。

12. 线头裹胶布保护。

13. 插座安装到位需用相位仪检查。

第二节 室内布线原则

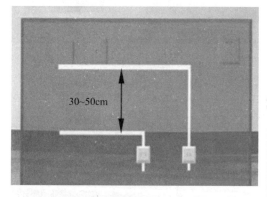

1. 强、弱电的间距要在 30~50cm。

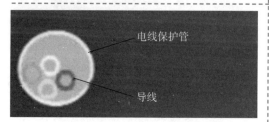

3. 管内导线总截面面积要小于保护管截面面积的 40%。

5. 线管如果需要连接，要用接头，接头和管要用胶黏好。

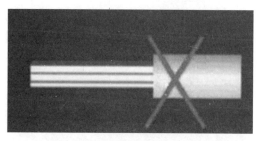

2. 强、弱电更不能同穿一根管内。

4. 长距离的线管尽量用整管。

6. 如果有线管在地面上，应立即保护起来，防止踩裂，影响以后的检修。

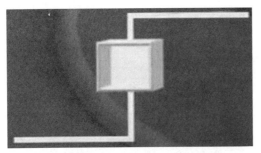 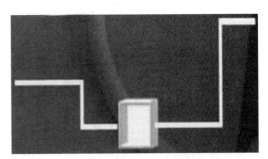

7. 当布线长度超过 15m 或中间有 3 个弯曲时，在中间应该加装一个接线盒。

8. 电线线路要和煤气管道相距 40cm 以上。

9. 一般情况下，空调插座安装应离地 2m 以上。

 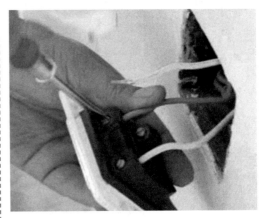

10. 没有特别要求的前提下，插座安装应离地 30cm 高度。

11. 开关、插座面对面板，应该左侧零线、右侧火线。

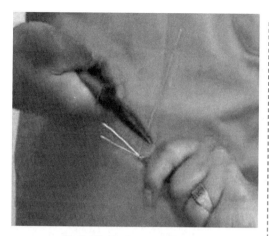

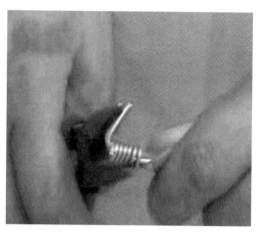

12. 家庭装修中，电线只能并头连接。

13. 接头处采用按压接线法，必须要结实牢固。

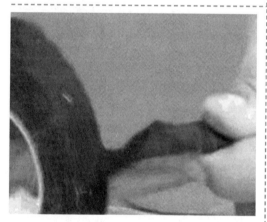

14. 接好的线，要立即用绝缘胶布包好。

15. 家装过程中，火线、零线、地线不能混接。

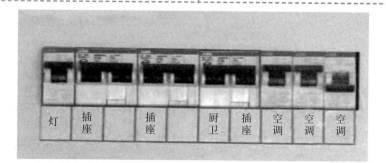

16. 家装区域的灯、插座、空调、热水器等电路要分开分组布线。

第三节　穿线施工

1.将做好的线盒服帖地嵌入开好的墙体内。

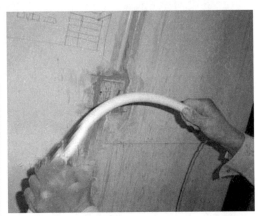

2.测量管材从线盒到地面的距离，进行管材的弯着。

3.将管材和线盒连接起来，弯折处正好顺畅地架在地面上。

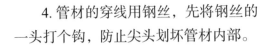

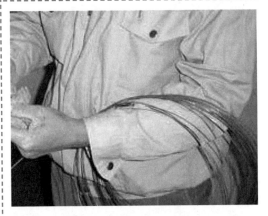

4.管材的穿线用钢丝，先将钢丝的一头打个钩，防止尖头划坏管材内部。

5. 将钢丝慢慢插入管材，缓缓地推动。

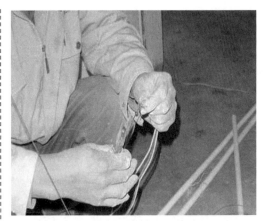

6. 钢丝从另一头出来后，和电线拧在一起，慢慢将电线拉入管材，钢丝就是这个过程中的引线。

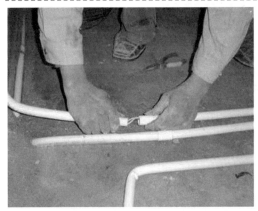

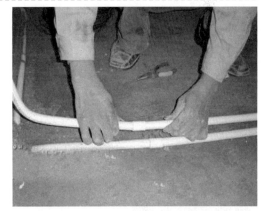

7. 电线到达线盒后，管材之间用配套的接头连接。

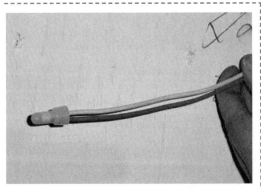

8. 另一头的电线要及时用压线帽进行保护。

9. 线头全部藏入线盒。

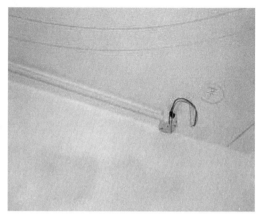

11. 吊顶上的电线穿线流程也基本如此，只是一般由于吊顶多走的是灯头线，所以只需穿红色的火线和蓝色的零线。

10. 至此，穿线部分基本完成，在经过测量电路是否通畅等一系列验收后才能用水泥平整地填补。

第四节　导线剥削

一、塑料硬线绝缘层的剥削

用钢丝钳剥削

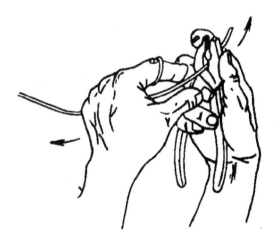

　　线芯截面积为 $4mm^2$ 及以下的塑料硬线，一般用钢丝钳进行剥削。用左手捏住导线，根据线头所需长度，用钳头刀口轻切塑料层，但不可切入芯线，然后用右手握住钳子头部，用力向外勒去塑料层。右手握住钢丝钳时，用力要适当，避免伤及线芯。

用电工刀剥削

芯线面积大于 4mm^2 的塑料硬线，可用电工刀剥削线头绝缘层。根据所需长度用电工刀以 45° 倾斜角切入塑料绝缘层，接着刀面与芯线保持 25° 左右，用力向线端推削，不可切入芯线，削去上面一层绝缘。将下面一层绝缘层向后扳翻，最后用电工刀齐根切去。

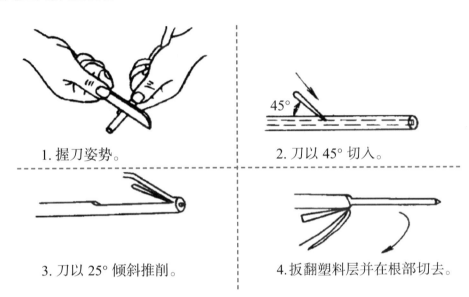

1. 握刀姿势。

2. 刀以 45° 切入。

3. 刀以 25° 倾斜推削。

4. 扳翻塑料层并在根部切去。

二、塑料护套线绝缘层的剥削

塑料护套线绝缘层必须用电工刀来剥削。按所需长度用电工刀刀尖对准护套线缝隙，划开护套层。向后扳翻护套层，用刀齐根切去。在距离护套层 10mm 处，用电工刀以 45° 倾斜切入绝缘层，剥削方法同塑料硬线。

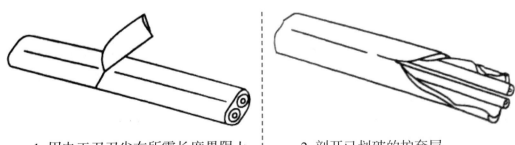

1. 用电工刀刀尖在所需长度界限上。

2. 剖开已划破的护套层。

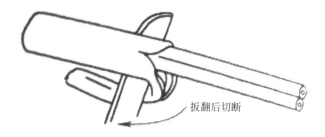

3.扳翻护套层用刀齐根切去。

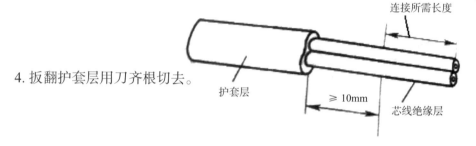

4.扳翻护套层用刀齐根切去。

三、橡套软线绝缘层的剥削

橡套软线俗称橡皮软线。因为它的护套层呈圆形,不能按塑料护套线的方法来剥削。

1.用电工刀从橡皮软线端头任意两芯线缝隙中割破部分橡皮护套层。

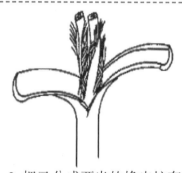

2.把已分成两半的橡皮护套层反向反拉,撕开护套层。当撕拉难度难以破开护套层时,再用电工刀补割,直到所需长度为止。

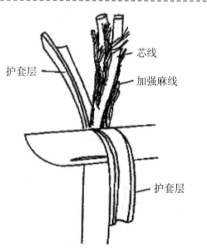

3.扳翻已被隔开的橡皮护套层,在根部分别切断。

4. 麻线扣结方法。

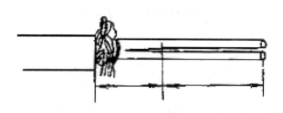

5. 每根芯线的绝缘层按所需长度用塑料软线的方法进行剥削。

四、花线绝缘层的剥削

1. 从端头处开始松散编织的棉纱，松散 15mm 以上。

3. 将推缩的棉纱线进行扣结，紧扎住橡皮护套层，不让棉织管向线头端部复伸。

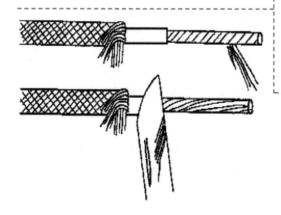

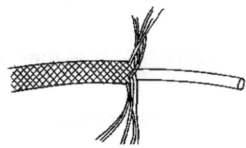

2. 把松散的棉纱分成左右两组，分别捻成现状，并向后推缩至线头连接所需长度与错开长度之和 10mm 处。

错开　连接所需长度

4. 距棉织管约 10mm 处，用钢丝钳刀口剥削橡胶绝缘层，不能损伤芯线。

5. 最后露出棉纱层，把棉纱层按缠包的方向散开，散到橡套切口根部后，拉紧后切断即可。

五、铅包线绝缘层的剥削

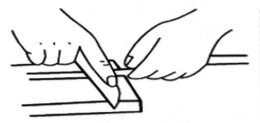

1.用电工刀把铅包层切割一刀。

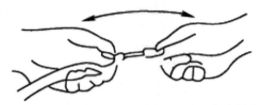

2.用双手来回扳动切口处，铅层便沿切口折断，就可把铅包层套拉出。

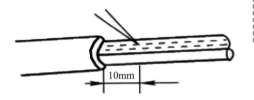

3.绝缘层的剥削，可按塑料线绝缘层的剥削方法进行。

第五节　导线的连接

一、导线与导线的连接

单股铜导线的直接连接

（一）小截面单股铜导线连接

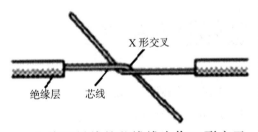

1.将两导线的芯线线头作X形交叉。

2.相互缠绕2~3圈后扳直两线头。

3.将每个线头在另一芯线上紧贴密绕5~6圈后剪去多余线头即可。

（二）大截面单股铜导线连接

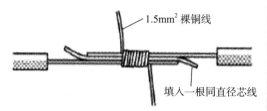

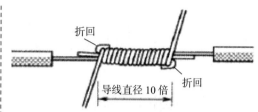

1. 在两导线的芯线重叠处填入一根相同直径的芯线，再用一根截面约 1.5mm² 的裸铜线在其上紧密缠绕。

2. 缠绕长度为导线直径的 10 倍左右，然后将被连接导线的芯线线头分别折回。

3. 将两端的缠绕裸铜线继续缠绕 5~6 圈后剪去多余线头即可。

单股铜导线的 T 字形连接

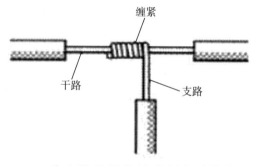

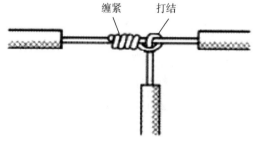

1. 将支路芯线的线头紧密缠绕在干路芯线上 5~8 圈后剪去多余线头即可。

2. 对于较小截面的芯线，可先将支路芯线的线头在干路芯线上打一个环绕结，再紧密缠绕 5~8 圈后剪去多余线头即可。

双股线的对接

将两根双芯线线头剥削成图示中的形式。连接时，将两根待连接的线头中颜色一致的芯线按小截面直线连接方式连接。用相同的方法将另一颜色的芯线连接在一起。

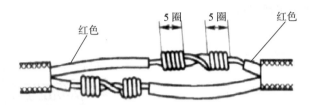

多股铜导线的直接连接

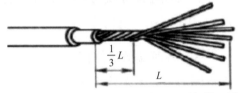

1. 将剥去绝缘层的多股芯线散开并拉直，将其靠近绝缘层的约 1/3 芯线绞合拧紧，然后将其余 2/3 芯线成伞状散开，并将每根芯线拉直。

2. 将两伞状线端隔根对插，必须相对插到底。

3. 捏平插入后的两侧所有芯线，并应理直每股芯线和使每股芯线的间隔均匀；同时用钢丝钳钳紧岔口处消除空隙。

4. 先在一端把邻近两股芯线在距岔口中线约 3 根单股芯线直径宽度处折起，并形成 90°。

5. 把这两股芯线按顺时针方向紧缠 2 圈后，再折回 90° 并平卧在折起前的轴线位置上。

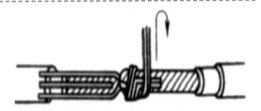

6. 把处于紧挨平卧线邻近的 2 根芯线折成 90°，并按步骤 5 方法加工。

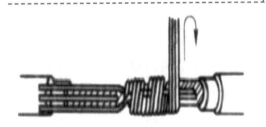

7. 把余下的 3 根芯线按步骤 5 方法缠绕至第 2 圈时，把前 4 根芯线在根部分别切断，并钳平；接着把 3 根芯线缠足 3 圈，然后剪去余端，钳平切口不留毛刺。

8.另一侧按步骤 4~7 的方法进行加工。

多股铜导线的 T 字形连接

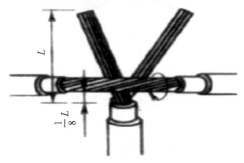

1.将分支芯线散开并拉直,再把紧靠绝缘层 1/8 线段的芯线绞紧,把剩余 7/8 的芯线分成两组,一组 4 根,另一组 3 根,排齐。用旋凿把干线的芯线撬开分为两组,再把支线中 4 根芯线的一组插入干线芯线中间,而把 3 根芯线的一组放在干线芯线的前面。

2.把 3 根线芯的一组在干线右边按顺时针方向紧紧缠绕 3~4 圈,并钳平线端;把 4 根芯线的一组在干线的左边按逆时针方向缠绕 4~5 圈。

3.钳平线端。

不等径铜导线的对接

把细导线线头在粗导线线头上紧密缠绕 5~6 圈,弯折粗线头端部,使它压在缠绕层上,再把细线头缠绕 3~4 圈,剪去余端,钳平切口。

单股线与多股线的 T 字分支连接

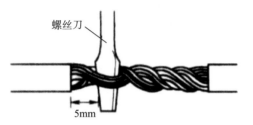

1.在离多股线的左端绝缘层口 3~5mm 处的芯线上，用螺丝刀把多股芯线分成较均匀的两组。

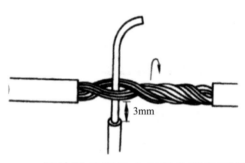

2.把单股芯线插入多股芯线的两组芯线中间，但单股芯线不可插到底，应使绝缘层切口离多股芯线约 3mm 的距离。接着用钢丝钳把多股芯线的插缝钳平钳紧。

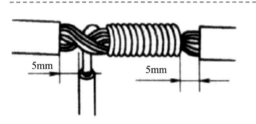

3.把单股芯线按顺时针方向紧缠在多股芯线上，应使圈圈紧挨密排，绕足 10 圈；然后切断余端，钳平切口毛刺。

软线与单股硬导线的连接

先将软线拧成单股导线，再在单股硬导线上缠绕 7~8 圈，最后将单股硬导线向后弯曲，以防止绑脱落。

铝芯导线用压接管压接

1. 接线前,先选好合适的压接管,清除线头表面和压接管内壁上的氧化层和污物,涂上中性凡士林。

2. 将两根线头相对插入并穿出压接管,使两线端各自伸出压接管25~30mm。

3. 用压接钳压接。

4. 如果压接钢芯铝绞线,则应在两根芯线之间垫上一层铝质垫片。压接钳在压接管上的压坑数目:室内线头通常为4个,室外通常为6个。

铝芯导线用沟线夹螺栓压接

连接前,先用钢丝刷除去导线线头和沟线夹线槽内壁上的氧化层和污物,涂上凡士林锌膏粉(或中性凡士林),然后将导线卡入线槽,旋紧螺栓,使沟线夹紧紧夹住线头而完成连接。为防止螺栓松动,压紧螺栓上应套以弹簧垫圈。

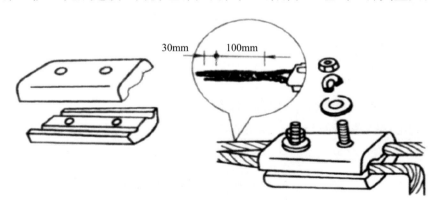

二、线头与接线桩的连接

单股芯线与针孔接线桩的连接

连接时，最好按要求的长度将线头折成双股并排插入针孔，使压接螺钉顶紧在双股芯线的中间。如果线头较粗，双股芯线插不进针孔，也可将单股芯线直接插入，但芯线在插入针孔前，应朝着针孔上方稍微弯曲，以免压紧螺钉稍有松动线头就脱出。

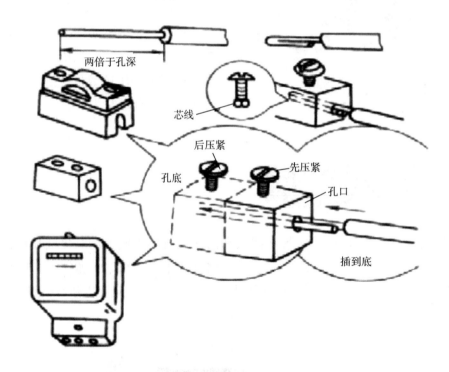

单股芯线与平压式接线桩的连接

先将线头弯成压接圈（俗称羊眼圈），再用螺钉压紧。弯制方法如下：

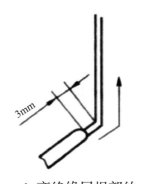

1. 离绝缘层根部约3mm处向外侧折角。

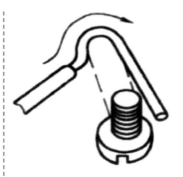

2. 按略大于螺钉直径弯曲圆弧。

3. 剪去芯线余端。

4. 修正圆圈成圆形。

多股芯线与针孔接线桩的连接

　　连接时，先用钢丝钳将多股芯线进一步绞紧，以保证压接螺钉顶压时不致松散。如果针孔过大，则可选一根直径大小相宜的导线作为绑扎线，在已绞紧的线头上紧紧地缠绕一层，使线头大小与针孔匹配后再进行压接。如果线头过大，插不进针孔，则可将线头散开，适量剪去中间几股，然后将线头绞紧就可进行压接。

针孔合适的连接

针孔过大时线头的处理

针孔过小时线头的处理

多股芯线与平压式接线桩的连接

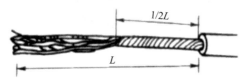

1. 先弯制压接圈，把离绝缘层根部约 1/2 处的芯线重新绞紧，越紧越好。

2. 绞紧部分的芯线，在离绝缘层根部 1/3 处向左外折角，然后弯曲圆弧。

3. 当圆弧弯曲得将成圆圈（剩下1/4）时，应将余下的芯线向右外折角，然后使其成圆形，捏平余下线端，使两端芯线平行。

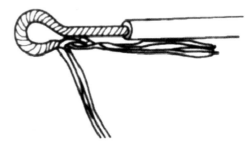

4. 把散开的芯线按 2、2、3 根分成三组，将第一组 2 根芯线扳起，垂直于芯线（要留出垫圈边宽）。

5. 按 7 股芯线直线对接的自缠法加工。

6. 成形。

软线线头与针孔接线桩的连接

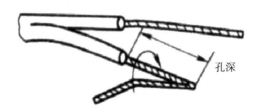

孔深

1. 把多股芯线作进一步绞紧，全根芯线端头不应有断股芯线露出端头而成为毛刺。按针孔深度折弯芯线，使之成为双根并列状。

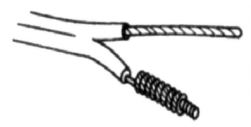

2. 在芯线根部把余下芯线按顺时针方向缠绕在双根并列的芯线上，排列应紧密整齐。

3. 缠绕至芯线端头口剪去余端，并钳平不留毛刺，然后插入接线桩针孔内，拧紧螺钉。

软线线头与平压式接线桩的连接

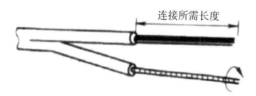

1. 把芯线作进一步绞紧。

2. 把芯线按顺时针方向围绕在接线桩的螺钉上，应注意芯线根部不可贴住螺钉，应相距3mm，围绕螺钉一圈后，余端应在芯线根部由上向下围绕一圈。

3. 把芯线余端再按顺时针方向围绕在螺钉上。

4. 把芯线余端围到芯线根部处收住，接着拧紧螺钉后扳起余端在根部切断，不应露毛刺和损伤下面的芯线。

头攻头在针孔接线桩上的连接

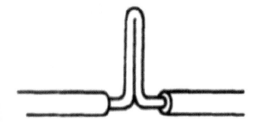

1. 按针孔深度的两倍长度，并再加约 5~6mm 的芯线根部富余量，剥离导线连接点的绝缘层。

2. 在剥去绝缘层的芯线中间折成双根并列状态，并在两芯线根部反向折成 90° 转角。

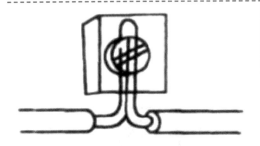

3. 把双根并列的芯线端头插入针孔，并拧紧螺钉。

头攻头在平压式接线桩上的连接

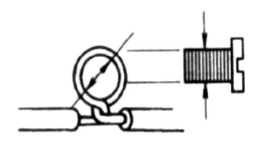

1. 接接线桩，约 6 倍螺钉直径长度，剥离导线连接点绝缘层。

2. 以剥去绝缘层芯线的中点为基准，按螺钉规格弯曲成压接圈后，用钢丝钳紧夹住压接圈根部，把两根部芯线互绞一转，使压接圈呈图示形状。

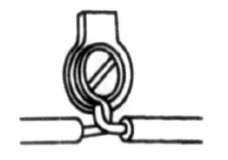

3. 把压接圈套入螺钉后拧紧。

线头与瓦形接线桩的连接

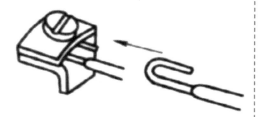

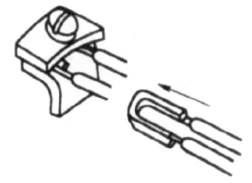

1. 先将已去除氧化层和污物的线头弯成 U 形。

2. 将其卡入瓦形接线桩内进行压接。如果需要把两个线头接入一个瓦形接线桩内，则应使两个弯成 U 形的线头重合，然后将其卡入瓦形垫圈下方进行压接。

第六节　开关插座安装

常用工具

剥线钳

螺丝刀

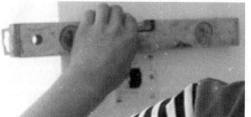

水平尺

电工胶带

安装过程

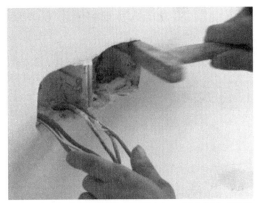

1.将安装部位处理好，并清洁干净杂物。

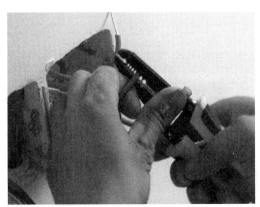

2.将盒内甩出的导线留出维修长度，然后削出线芯。

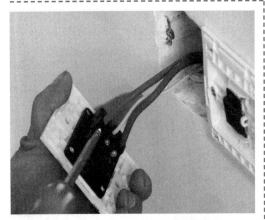

3.火线、零线和地线需要与插座的接口连接正确。

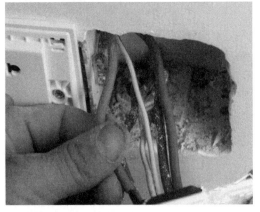

4.将导线按各自的位置从开关插座的线孔中穿出。

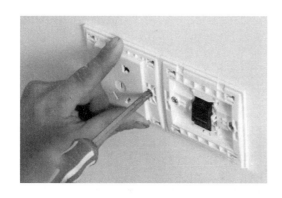

5.将开关插座贴于塑料台上，找正并用螺钉固定牢。

第七节　吸顶灯安装

1.拆开包装，先把底座上自带的一点线头去掉。

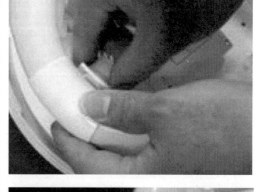

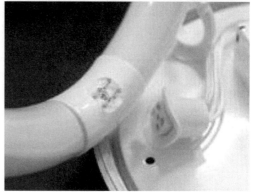

2.再把灯管取出来（吸顶灯一般都自带光源）。

3.把底座放到画好孔的位置上。

4. 按照吸顶灯的安装孔位，在天花上打眼。

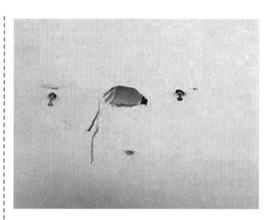

5. 在打好眼的地方打入胶体，用以固定螺钉。

6. 把底座放上去，转个角度，带紧螺钉。

7. 接线。

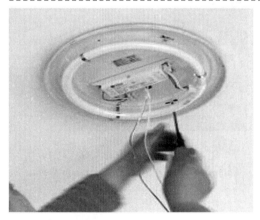

8. 把灯管再装回（这时可以试下灯是否会亮），然后再把灯罩盖好。

第八节　吊灯安装

（一）安装钻头

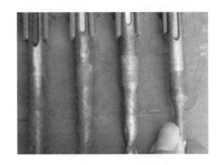

1. 拿出钻头，并找到所要的钻头规格。

2. 天花板上的孔需有 6mm，所以选用 6mm 的钻头。

3. 拿出电钻，安装好钻头。

（二）找吸盘顶盘上的孔位

1. 把挂板从吸顶盘上拆下来。

2. 对准吸顶盘上的空孔比好位置。

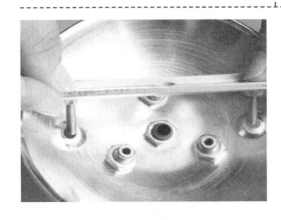

3. 孔位对好后上紧螺钉。

（三）钻孔

1. 在墙上把需要打膨胀螺钉的位置做上记号。

2.用电钻开始钻孔，注重孔的深度。

（四）上膨胀螺钉

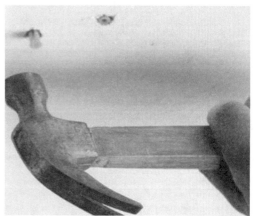

把膨胀螺钉塞到孔内，用锤子把膨胀螺钉打到墙内。

（五）固定挂板

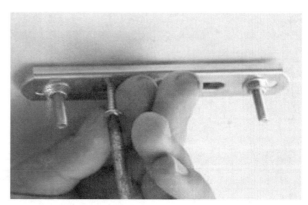

膨胀螺钉完全嵌入墙内，把木螺钉穿过挂板孔固定。

（六）固定吸顶盘

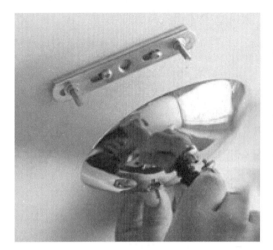

把挂板和吸顶盘用螺钉连接起来，拧上光头螺钉，使其固定。

第九节　配电箱内部配线

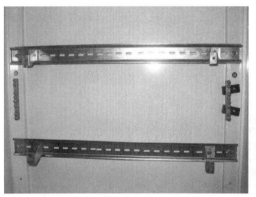

1.箱体内导轨安装。

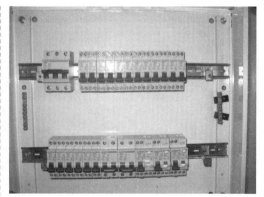

2.箱体内空开安装。

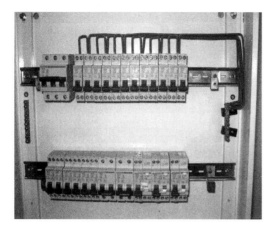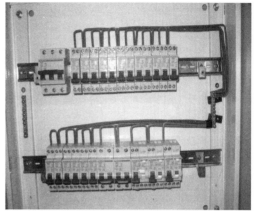

3. 空开零线配线。

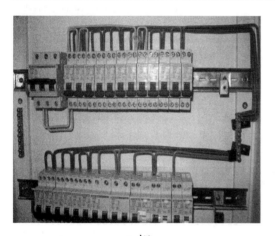

A 相

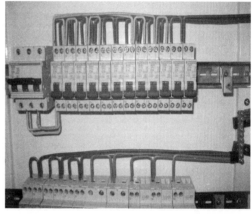

B 相

4. 第一排空开配线。A 相线为黄、B 相线为绿、C 相线为红。

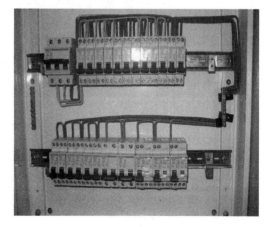

C 相

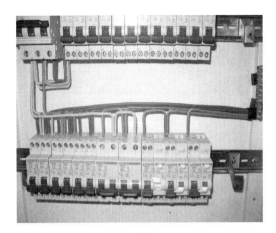

A 相

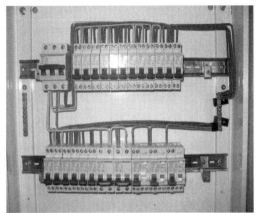

B 相

5. 第二排空开配线。A 相线为黄、B 相线为绿、C 相线为红。

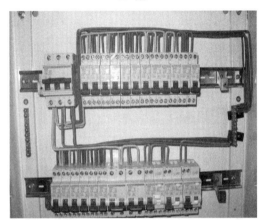

C 相

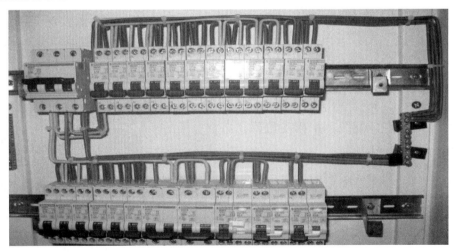

6. 导线绑扎。

第十节 浴霸接线与安装

一、浴霸种类

按安装方式

壁挂式浴霸

吸顶式浴霸

按取暖方式

灯暖型浴霸

风暖型浴霸

双暖型浴霸　　　　　　　　　碳纤维浴霸

二、浴霸开关接线

传统浴霸开关接线图

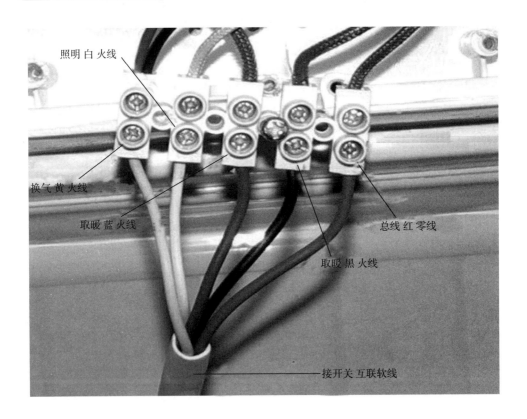

照明 白 火线

换气 黄 火线

取暖 蓝 火线

总线 红 零线

取暖 黑 火线

接开关 互联软线

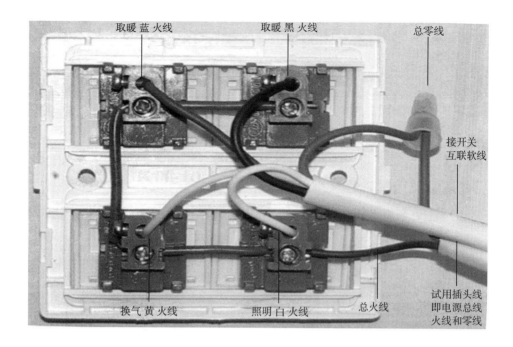

取暖 蓝 火线　取暖 黑 火线　总零线

接开关
互联软线

换气 黄 火线　照明 白 火线　总火线　试用插头线
即电源总线
火线和零线

碳纤维浴霸开关接线图

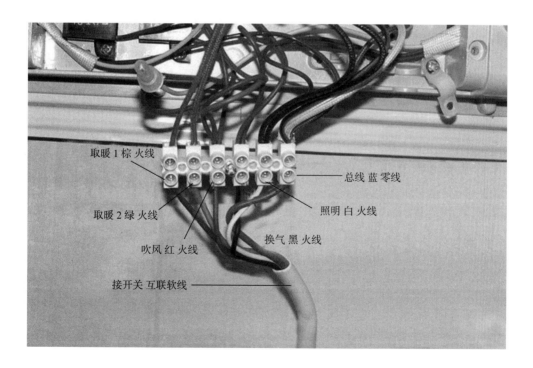

取暖1 棕 火线

总线 蓝 零线

取暖2 绿 火线

照明 白 火线

吹风 红 火线

换气 黑 火线

接开关 互联软线

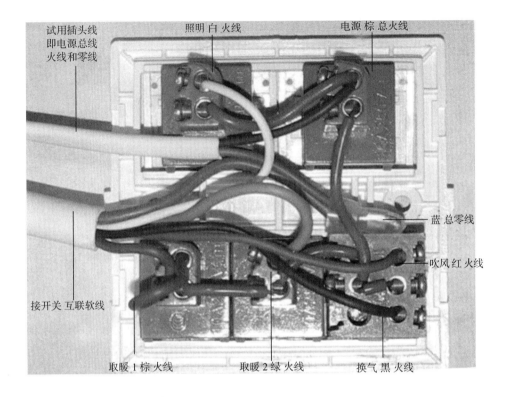

试用插头线
即电源总线
火线和零线

照明 白 火线

电源 棕 总火线

蓝 总零线

吹风 红 火线

接开关 互联软线

取暖 1 棕 火线

取暖 2 绿 火线

换气 黑 火线

三、浴霸安装

壁挂式浴霸安装

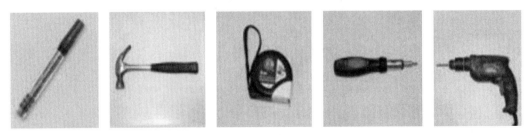

1. 准备安装工具，有记号笔、铁锤、尺子、十字螺丝刀、手电钻。

2. 测量孔间距。

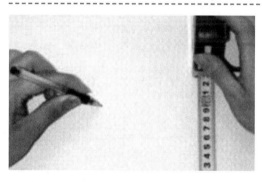

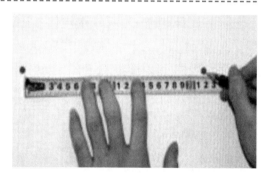

3. 测量高度。浴霸的安装高度需离地面 1.8m，具体视人高调整（以浴霸下端尺寸为准）。大概在 2m 左右的位置做高度记号，然后做孔间距记号。

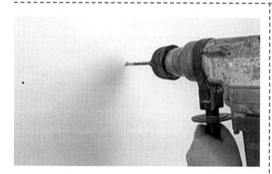

4. 在记号的位置钻孔。

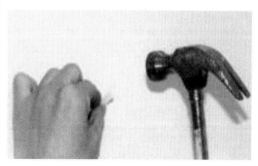

5. 打入塑料膨胀管。

6. 把挂件用螺丝刀固定在膨胀管上。

7. 浴霸背面的安装孔对准挂件，往上一挂轻松安装完成。

吸顶式浴霸安装

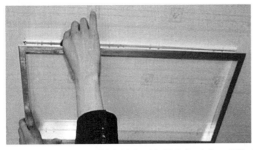

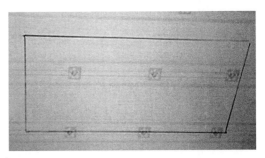

1. 用笔沿着转接框的外围画出开孔大小。

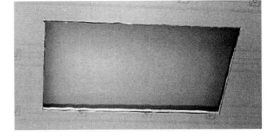

2. 用刀具开孔。

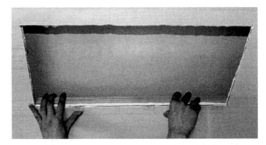

3. 准备两根木段，放在吊顶的上面，开孔的两个长边上部。

4. 将转接框托放到安装孔内，用木工螺钉将转接框锁在木条上。

5. 把机器的安装卡子安装在机器箱体的 4 个边角上，并用螺钉锁紧。

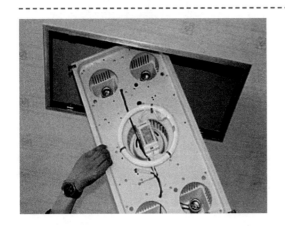

6. 把装好卡扣的机器放入吊顶上，直接放在木段上，然后把机器的线路接好。

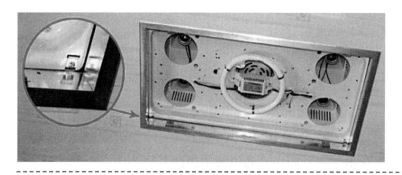

7. 把机器摆放好。

8. 把机器面板卡入转接框卡槽中。

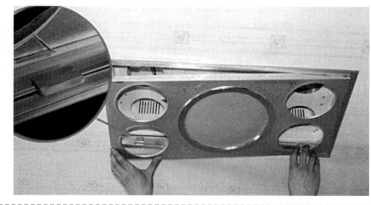

9. 把取暖灯泡拧入机器灯斗，安装完毕。

第十一节　电脑网线安装

1. 准备好工具：网线、网钳子、水晶头。

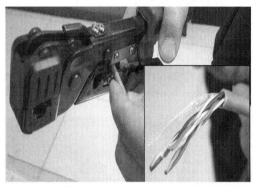

2. 网线扒皮。

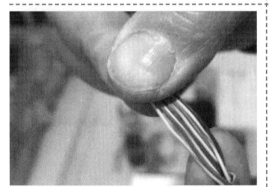

3. 安置顺序，按照橙白色、橙色、蓝白色、蓝色、绿白色、绿色、棕白色、棕色，颜色顺序，整平、整齐。

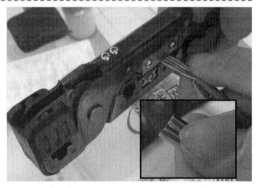

4. 切齐。

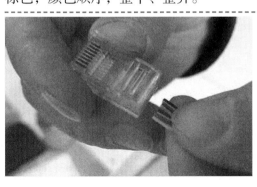

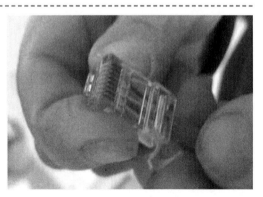

5. 安装水晶头，确保各线顶头。

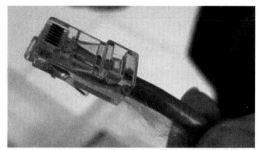

6.最后用网钳子压紧，水晶头安装完成。

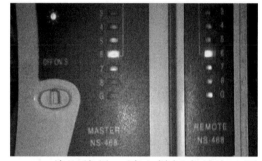

7.将网线另一端也做好水晶头，用测线仪测试一下线路能否接通。

参考文献

[1] 中华人民共和国建设部.建筑装饰装修工程质量验收规范：GB 50210—2001 [S].北京：中国建筑工业出版社，2001.

[2] 中华人民共和国建设部.建筑给水排水及采暖工程施工质量验收规范：GB 50242—2002[S].北京：中国标准出版社，2004.

[3] 中华人民共和国住房和城乡建设部.建筑电气工程施工质量验收规范：GB 50303—2015[S].北京：中国建筑工业出版社，2016.

[4] 中华人民共和国住房和城乡建设部.建筑装饰装修职业技能标准：JGJ/T 315—2016 [S].北京：中国建筑工业出版社，2016.

[5] 阳鸿钧.家装水电工技能现场通 [M].北京：中国电力出版社，2013.

[6] 王宝东.室内装饰装修水电工 [M].北京：化学工业出版社，2016.

[7] 王红军.家装水电工现场施工技能全图解 [M].北京：中国铁道出版社，2015.